快学习教育　编著

Scratch③

游戏与人工智能编程

完全自学教程

机械工业出版社
China Machine Press

图书在版编目（CIP）数据

Scratch 3 游戏与人工智能编程完全自学教程／快学习教育编著. —北京：机械工业出版社，2020.9

ISBN 978-7-111-66501-4

Ⅰ. ①S… Ⅱ. ①快… Ⅲ. ①程序设计 – 少儿读物 Ⅳ. ① TP311.1-49

中国版本图书馆 CIP 数据核字（2020）第 170166 号

本书以图形化编程工具 Scratch 3 为学习环境，通过制作趣味程序和游戏，带领孩子进入编程的世界，为迎接人工智能时代的挑战做好准备。

全书共 11 章。第 1 章主要介绍 Scratch 3 的工作界面。第 2 ~ 10 章全面而系统地讲解图形化编程的理论与应用，包括作品的外观设计、事件的处理、角色的运动控制、程序运行流程的控制、程序中的侦测、数学和逻辑等运算、变量和列表的操作、声音的播放与合成、图案的绘制等。第 11 章通过"石头剪刀布"和"遨游外太空"两个有趣的游戏，带领孩子体验人工智能中的图像识别与语音识别技术的实际应用。

本书图文并茂，讲解浅显详尽，适合作为亲子共读的编程入门读物，也可作为少儿编程兴趣班、培训机构的教材或教学参考资料。

Scratch 3 游戏与人工智能编程完全自学教程

出版发行：机械工业出版社（北京市西城区百万庄大街 22 号 邮政编码：100037）

责任编辑：关 敏	责任校对：庄 瑜
印　刷：北京天颖印刷有限公司	版　次：2021 年 1 月第 1 版第 1 次印刷
开　本：185mm×260mm　1/16	印　张：14.5
书　号：ISBN 978-7-111-66501-4	定　价：99.00 元

客服电话：(010)88361066　88379833　68326294　　　投稿热线：(010)88379604
华章网站：www.hzbook.com　　　　　　　　　　　　　读者信箱：hzit@hzbook.com

前　言

随着现代科技的高速发展，人工智能正在全方位地改变我们的生活。可以预见的是，程序代码将成为未来社会人与人之间交流和沟通所使用的一种新的通用语言。让孩子从小接触编程，不仅能让他们掌握未来世界的沟通语言，而且能帮助他们训练逻辑思维，增强发现和解决问题的能力，开启创新思维的大门。本书以图形化编程工具 Scratch 3 为学习环境，通过制作趣味小程序和人工智能主题游戏，带领孩子进入编程的世界。

内容结构

本书共 11 章。第 1 章主要介绍 Scratch 3 的工作界面。第 2 ~ 10 章全面而系统地讲解图形化编程的理论与应用，包括作品的外观设计、事件的处理、角色的运动控制、程序运行流程的控制、程序中的侦测、数学和逻辑等运算、变量和列表的操作、声音的播放与合成、图案的绘制等。第 11 章通过"石头剪刀布"和"遨游外太空"两个有趣的游戏，带领孩子体验人工智能中的图像识别与语音识别技术的实际应用。

编写特色

•**全程图解，案例丰富**：书中的理论和操作的讲解都配有清晰直观的截图，即使孩子识字量不大也能看懂。丰富的案例在设计时充分利用图形化编程直观、易懂的优势，让孩子一目了然地理解程序的运行原理和编写过程，从而掌握编程的逻辑与思路。

•**资源齐备，轻松学习**：本书配套的学习资源包含案例用到的素材及制作好的作品文件，便于孩子边学边练。加入本书的 QQ 群，还能获得线上答疑服务，让孩子的学习无后顾之忧。

读者对象

本书是一本适合亲子共读的编程入门书，也可作为少儿编程兴趣班、培训机构的教材或教学参考资料。

由于编者水平有限，本书难免有不足之处，恳请广大读者批评指正。读者除了可扫描二维码关注公众号获取资讯以外，也可加入 QQ 群 850774692 与我们交流。

编　者
2020 年 11 月

如何获取学习资源

扫描关注微信公众号

在手机微信的"发现"页面中点击"扫一扫"功能，进入"二维码/条码"界面，将手机摄像头对准右图中的二维码，扫描识别后进入"详细资料"页面，点击"关注公众号"按钮，关注我们的微信公众号。

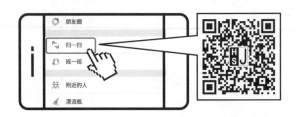

获取学习资源下载地址和提取码

点击公众号主页面左下角的小键盘图标，进入输入状态，在输入框中输入关键词"人工智能"，点击"发送"按钮，即可获取本书学习资源的下载地址和提取码，如右图所示。

打开学习资源下载页面

在计算机的网页浏览器地址栏中输入前面获取的下载地址（输入时注意区分大小写），如右图所示，按 Enter 键即可打开学习资源下载页面。

输入提取码并下载文件

在学习资源下载页面的"请输入提取码"文本框中输入前面获取的提取码（输入时注意区分大小写），再单击"提取文件"按钮。在新页面中单击打开资源文件夹，在要下载的文件名后单击"下载"按钮，即可将其下载到计算机中。如果页面中提示选择"高速下载"或"普通下载"，请选择"普通下载"。下载的文件如果为压缩包，可使用 7-Zip、WinRAR 等软件解压。

> 提示：读者在下载和使用学习资源的过程中如果遇到自己解决不了的问题，请加入 QQ 群 850774692，下载群文件中的详细说明，或者向群管理员寻求帮助。

CONTENTS

目 录

前言

如何获取学习资源

01 Scratch 基础

02 作品外观设计

06 程序中的侦测

07 有趣的运算

08 变量和列表

09 动听的声音

⑩ 神奇的画笔

⑪ 人工智能 实战应用

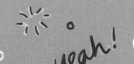

Scratch基础

在众多科研机构和科学家的努力之下，大量适合孩子使用的图形化编程工具被研发出来，Scratch 就是其中之一。学习使用 Scratch 编程前，先来对 Scratch 做一个简单的了解吧。

什么是 Scratch

Scratch 是由美国麻省理工学院（MIT）设计开发的一款面向少儿的编程工具，它针对孩子们的认知水平，采用图形化的编程方式，将程序中的逻辑关系用积木块的形式表达出来。孩子不需要具备太高的识字量，只需要像搭积木一样将各个积木块组合起来，就能完成程序的编写，如下图所示。Scratch 还提供多种语言的工作界面，我们可以直接选择简体中文界面进行编程。

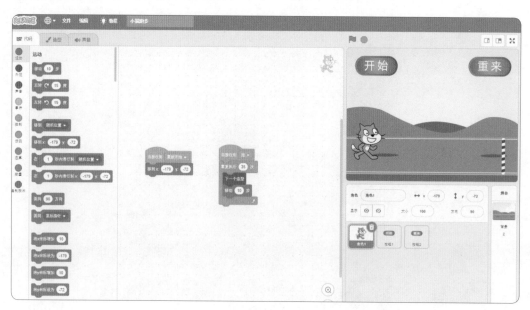

Scratch 的最新版本是 Scratch 3，分为在线版和离线版两种，下面分别进行介绍。

Scratch 3 在线版

如果使用的网络比较稳定、可靠，只需要有一个浏览器，就能使用 Scratch 3 在线版。Scratch 3 在线版能在大多数较新版本的浏览器中运行，如 Chrome、Edge、Firefox、Safari 等。下面以 Chrome 浏览器为例介绍如何访问 Scratch 3 在线版。

访问 Scratch 官网主页

打开 Chrome 浏览器，在地址栏中输入网址"scratch.mit.edu"，然后按下 Enter 键，打开 Scratch 官网主页，如下图所示。Scratch 官网的服务器位于国外，页面的加载速度可能会比较慢，耐心等待即可，也可以尝试刷新页面。

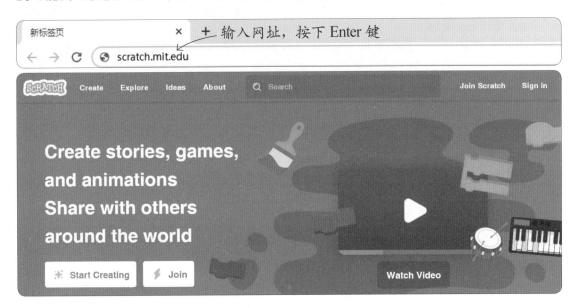

设置页面语言

Scratch 官网主页的页面内容默认以英文显示，我们需要将它设置为以中文显示。将页面滚动到底部，单击"English"右侧的下拉按钮，如下左图所示，在展开的列表中选择"简体中文"选项，如下右图所示。

① 单击下拉按钮

② 选择"简体中文"选项

进入 Scratch 3 在线版

经过设置，可以看到网页已经切换为中文，如下图所示。在页面中单击"创建"菜单或"开始创作"按钮，即可进入 Scratch 3 在线版的编辑界面。

Scratch 3 离线版

使用 Scratch 3 离线版不需要连网，所以在网络条件不好的情况下，可以选择使用 Scratch 3 离线版。

下载 Scratch 3 离线版安装文件

在浏览器中打开 Scratch 官网主页，单击页面底部"支持"栏目中的"下载"链接，如下左图所示。进入下载页面后，根据操作系统选择要下载的文件。此处选择 Windows 系统，然后单击"直接下载"链接，如下右图所示。

技巧提示 | 在低版本操作系统中使用 Scratch 3

使用 Scratch 3 要求计算机上安装的操作系统至少应为 Windows 10 或 macOS 10.13，如右图所示。如果计算机上安装的操作系统版本比较低，如 Windows 7 或 Windows XP，可以先尝试安装 Scratch 3 离线版，若安装不成功，则只能使用 Scratch 3 在线版。

安装 Scratch 3 离线版

下载完 Scratch 3 离线版的安装文件后，就可以将 Scratch 3 离线版安装到自己的计算机中。安装过程根据所使用的操作系统会有所不同，这里以 Windows 系统为例介绍具体步骤。

双击下载好的 Scratch 3 离线版安装文件，如右图所示。

弹出 "Scratch Desktop 安装" 对话框，在该对话框中选择是为当前用户还是为所有用户安装 Scratch，这里选择为所有用户安装，然后单击 "安装" 按钮，如下左图所示。安装完成后，单击 "完成" 按钮来关闭对话框，如下右图所示。

① 双击安装文件

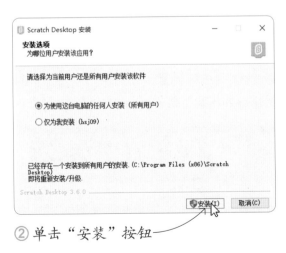

② 单击 "安装" 按钮

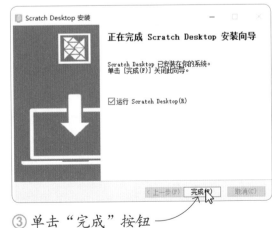

③ 单击 "完成" 按钮

安装好 Scratch 3 离线版后，桌面上会添加一个快捷方式图标，双击该图标就可以打开 Scratch 3 离线版。

认识 Scratch 3 的界面

Scratch 3 在线版和离线版的界面区别不大。如下图所示为 Scratch 3 离线版的界面，由菜单栏、功能标签区、舞台区、积木块分类区、积木块选择区、脚本区、角色列表和背景设置区几个部分组成。

功能标签区　　菜单栏　　　　　　　　　　　　　　　舞台区

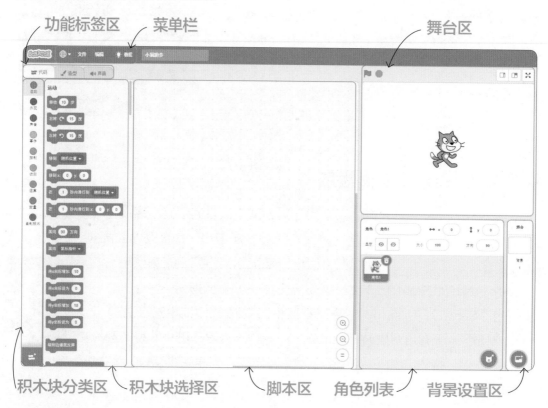

积木块分类区　　积木块选择区　　　脚本区　　角色列表　　背景设置区

菜单栏

与大多数图形化应用程序一样，Scratch 3 的界面顶部也有一个菜单栏，其中包含"语言切换"按钮⊕及"文件""编辑""教程"3 组菜单命令。

"语言切换"按钮⊕用于切换界面的显示语言。"文件"菜单包含新建作品、打开作品、保存作品等功能。"编辑"菜单用于恢复误删的角色及开启／关闭程序运行的加速模式。"教程"菜单用于观看 Scratch 的视频教程。

功能标签区

功能标签区位于菜单栏下方。当在角色列表中选中一个角色时，显示"代码""造型""声音"3 个标签，如下左图所示；当在背景设置区选中舞台背景时，显示"代码""背景""声音"3 个标签，如下右图所示。

在功能标签区单击不同的标签，就会展开对应的选项卡。后面会介绍各个选项卡的功能，下面先简单介绍一下最重要的"代码"选项卡，它是 Scratch 每次启动时默认显示的选项卡，分为积木块分类区、积木块选择区、脚本区 3 个部分。

积木块分类区、积木块选择区、脚本区

Scratch 的核心积木块分为 9 大模块，它们的名称显示在积木块分类区，并用不同颜色的圆形图标进行区分。在积木块分类区选择某个模块，在右侧的积木块选择区就会显示该模块下的所有积木块，再将需要使用的积木块拖动到脚本区进行组合，就能完成编程。

脚本区是编写脚本的区域，程序的所有功能都是通过在脚本区组合积木块来实现的。

脚本区右上方显示了当前角色的缩略图，右下方有 3 个按钮，分别用于放大显示脚本、缩小显示脚本、恢复脚本的默认大小，如右图所示。

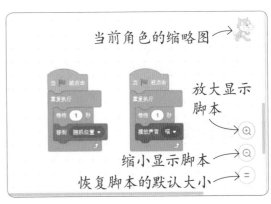

舞台区

在 Scratch 中，脚本的运行结果呈现在舞台区中的舞台上。舞台是一个宽 480、高 360 的长方形区域（尺寸单位为"像素"，为便于孩子们理解，在 Scratch 中称为"步"）。舞台实际上是一个坐标系：x 坐标的范围是 $-240 \sim 240$，y 坐标的范围是 $-180 \sim 180$，舞台中心的坐标为 $(0, 0)$。角色在舞台上的位置就是通过这个坐标系来确定的。

舞台区左上角为控制程序启动与停止的按钮，右上角为调整舞台布局的按钮，如右图所示。

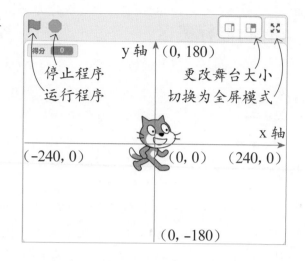

角色列表

角色列表中显示了作品中所有角色的缩略图。创建一个新作品时，角色列表中会有一个默认的"角色1"（小猫），我们可以根据需要添加或删除角色。单击角色列表中的角色缩略图，可以将角色选中，选中后的角色会以蓝色突出显示，如右图所示，随后即可在角色列表上方设置所选角色的名称、坐标、大小、方向等属性。

背景设置区

在角色列表右侧是背景设置区，用于添加和设置舞台背景。一个新作品的舞台背景默认为白色，我们可以为作品添加其他背景，具体方法在后面的章节会详细讲解。添加背景后，在背景设置区会显示当前背景的缩略图，以及作品包含的背景数量，如右图所示。单击缩略图即可选中背景，此时可在"背景"选项卡下对背景做进一步的编辑。

试-试：创建第一个作品

　　了解完 Scratch 的界面，下面带领大家创建第一个 Scratch 作品。这个作品是一个简单的小动画——在舞台上显示一只来回飞舞的蝴蝶。通过制作这个作品，大家可以熟悉 Scratch 的界面和基本操作。

素材文件 无

程序文件 实例文件 \ 01 \ 源文件 \ 创建第一个作品.sb3

01 打开 Scratch，执行"文件 > 新作品"菜单命令，创建一个新作品。

单击"新作品"命令

02 在背景设置区为作品添加背景素材库中的"Blue Sky"背景，作为新的舞台背景。

① 单击"选择一个背景"按钮　　　　　② 单击"Blue Sky"背景

03 在角色列表中删除默认的"角色 1"角色，然后添加角色素材库中的"Butterfly 2"角色作为作品中的蝴蝶，并调整角色在舞台上的位置。

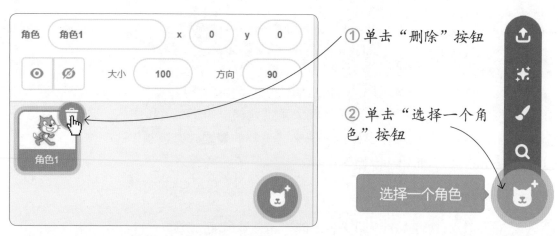

① 单击"删除"按钮

② 单击"选择一个角色"按钮

选择一个角色

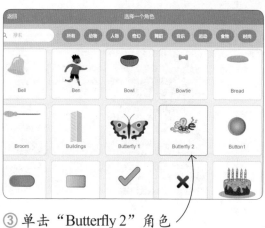

③ 单击"Butterfly 2"角色

拖动角色调整位置

04 在角色列表中选中"Butterfly 2"角色，为其编写脚本。先设置触发脚本运行的条件为单击舞台左上角的 ▶ 按钮。

① 单击"事件"模块

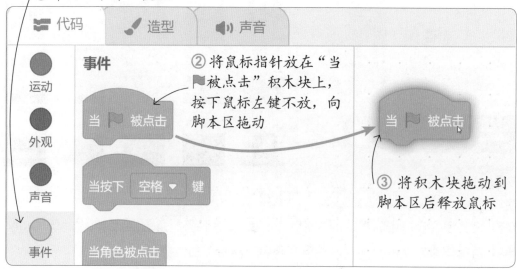

② 将鼠标指针放在"当 ▶ 被点击"积木块上，按下鼠标左键不放，向脚本区拖动

③ 将积木块拖动到脚本区后释放鼠标

05 因为要让蝴蝶在舞台中不停地来回飞舞，所以需要设置一个无限循环，在 Scratch 中可以用"重复执行"积木块来实现。

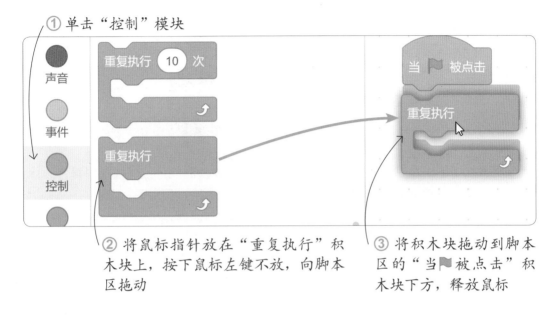

① 单击"控制"模块

② 将鼠标指针放在"重复执行"积木块上，按下鼠标左键不放，向脚本区拖动

③ 将积木块拖动到脚本区的"当▶被点击"积木块下方，释放鼠标

06 接着利用"运动"模块下的"移动（10）步"积木块让蝴蝶动起来。

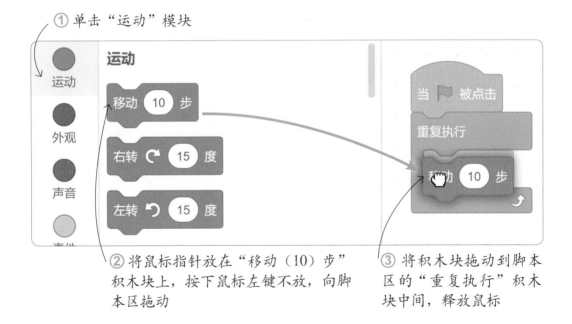

① 单击"运动"模块

② 将鼠标指针放在"移动（10）步"积木块上，按下鼠标左键不放，向脚本区拖动

③ 将积木块拖动到脚本区的"重复执行"积木块中间，释放鼠标

07 为了呈现更逼真的动画效果，蝴蝶需要一边移动一边切换造型。先添加"等待（）秒"积木块，并更改积木块框中的数值，以控制移动和切换造型之间的时间间隔。

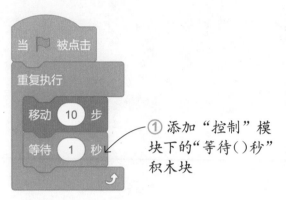

① 添加"控制"模块下的"等待( )秒"积木块

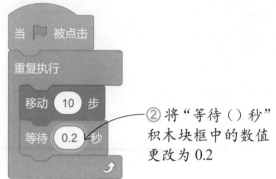

② 将"等待( )秒"积木块框中的数值更改为0.2

08 再添加"下一个造型"积木块，实现造型的切换。此外，当蝴蝶飞到舞台边缘时，还需要让蝴蝶调转方向继续飞舞。

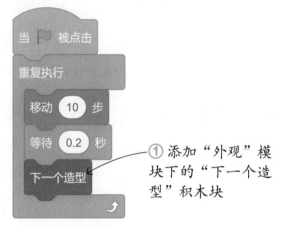

① 添加"外观"模块下的"下一个造型"积木块

② 添加"运动"模块下的"碰到边缘就反弹"积木块

③ 添加"运动"模块下的"将旋转方式设为（左右翻转）"积木块

 技巧提示 | 作品的保存与打开

　　作品制作完成后，执行"文件＞保存到电脑"菜单命令，将作品保存在计算机的硬盘中。建议小朋友们创建一个文件夹，专门用来存放作品文件。Scratch 的作品文件为 sb3 格式，该格式文件只能在 Scratch 中使用"文件＞从电脑中上传"菜单命令来打开。如需将 sb3 格式转换为 exe 格式或 html 格式，则要借助其他工具。

02

作品外观设计

一个 Scratch 作品的外观效果主要是通过舞台上的背景和角色展现出来的，它们同时也是脚本的载体。因此，要制作一个 Scratch 作品，首先就要设计作品中的背景和角色，然后才能通过为背景和角色编写脚本来实现动画或游戏的效果。

背景和角色

默认情况下，创建的新作品包含一个白色背景和一个小猫角色，我们可以根据需要为作品添加或删除背景和角色。

添加背景

在 Scratch 中，背景不仅能烘托作品的主题，还能承载一些脚本。添加背景的方式有很多，下面分别介绍。

（1）添加背景素材库中的背景

Scratch 自带的背景素材库提供了"奇幻""音乐""运动"等多种类型的背景，我们可以非常方便地将这些背景应用到自己的作品中。

单击背景设置区的"选择一个背景"按钮，或者将鼠标指针放在"选择一个背景"按钮上，在弹出的列表中单击"选择一个背景"按钮，如右图所示。

① 单击"选择一个背景"按钮

随后会打开背景素材库，在库中单击要添加的背景，如下左图所示，在舞台上就能看到所选的背景，如下右图所示。

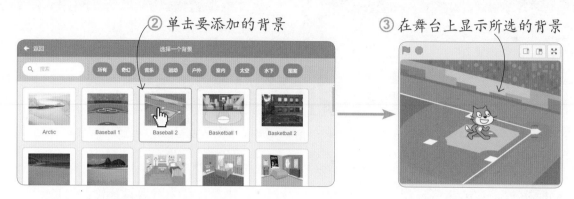

② 单击要添加的背景

③ 在舞台上显示所选的背景

（2）绘制背景

如果不想使用背景素材库中的背景，也可以自己手动绘制背景。下面以绘制一个简单的球场背景为例讲解绘制背景的方法。

将鼠标指针放在"选择一个背景"按钮上，在弹出的列表中单击"绘制"按钮，如右图所示。切换至"背景"选项卡，选择"矩形"工具，设置填充颜色并去除轮廓颜色，在绘图区单击并拖动，绘制一个矩形作为背景图案，如下左图所示。接着去除填充颜色，设置轮廓颜色和轮廓粗细，在已绘制的矩形上绘制更多矩形，如下右图所示。

① 单击"绘制"按钮

③ 设置填充颜色为绿色（颜色40、饱和度100、亮度50），去除轮廓颜色

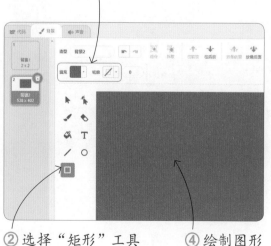

② 选择"矩形"工具　　④ 绘制图形

⑤ 去除填充颜色，设置轮廓颜色为白色（颜色40、饱和度0、亮度100），轮廓粗细为5

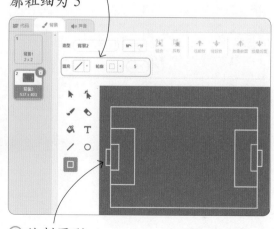

⑥ 绘制图形

继续结合"圆"和"直线"工具绘制更多图形，舞台中会同时显示新绘制的背景，如下图所示。

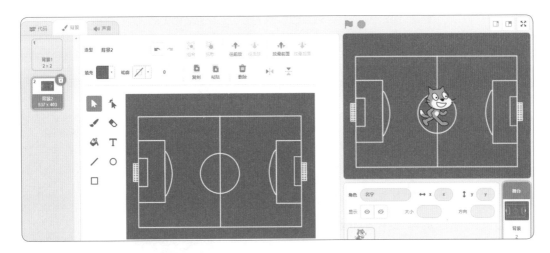

（3）上传自定义背景

Scratch 毕竟不是专业的绘图软件，提供的绘图功能非常有限，难以完成比较复杂的图像的绘制。如果我们需要使用图像比较复杂的背景，可以用其他更专业的绘图软件绘制好背景图像，然后在 Scratch 中通过"上传背景"的方式将背景图像添加到作品中。

将鼠标指针放在"选择一个背景"按钮上，在弹出的列表中单击"上传背景"按钮，如右图所示。

弹出"打开"对话框，在对话框中单击要添加的背景素材图像，然后单击"打开"按钮，如下左图所示，添加自定义背景后的舞台效果如下右图所示。

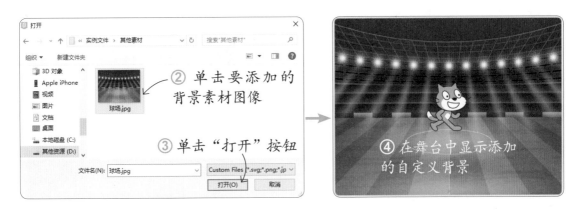

添加角色

在 Scratch 中，添加角色的方式也有很多，下面分别进行讲解。

（1）添加角色素材库中的角色

Scratch 自带的角色素材库为我们提供了丰富的角色，包括"动物""人物""奇幻""舞蹈""音乐"等类型。

单击角色列表中的"选择一个角色"按钮，如右图所示，或者将鼠标指针放在"选择一个角色"按钮上，在弹出的列表中单击"选择一个角色"按钮。在打开的角色素材库中单击要添加的角色，如下左图所示，随后在舞台中就会显示所选的角色，如下右图所示。

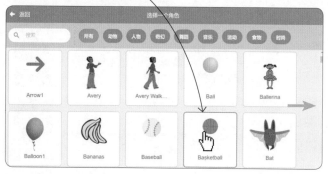

（2）上传自定义角色

除了添加角色素材库中的角色，Scratch 还允许我们以上传素材图像的方式添加自定义角色。

将鼠标指针放在"选择一个角色"按钮上，在弹出的列表中单击"上传角色"按钮，如右图所示。

在弹出的"打开"对话框中单击要添加的角色素材图像，然后单击"打开"按钮，如下左图所示，随后在舞台中就能看到添加的自定义角色，如下右图所示。

（3）绘制角色

将鼠标指针放在"选择一个角色"按钮上，在弹出的列表中单击"绘制"按钮，在展开的"造型"选项卡中选择绘图工具栏中的工具，即可在绘图区绘制角色。角色的绘制方法与背景的绘制方法类似，这里不再详细讲解。

（4）添加角色造型

我们还可以为已添加的角色添加多个不同的造型，以丰富角色在舞台上的表现。在角色列表中选中一个角色后切换至"造型"选项卡，将鼠标指针放在"选择一个造型"按钮上，在弹出的列表中有多种添加造型的方式，大家可以自己动手逐个尝试，具体操作和添加角色类似。这里单击"上传造型"按钮，如下左图所示。在弹出的"打开"对话框中选择要添加的造型素材图像，该造型就会出现在造型列表中，同时舞台上的角色也相应地切换到该造型，如下右图所示。

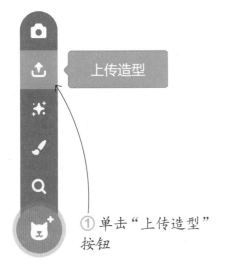

删除背景或角色

如果作品中有多余的背景或角色，我们可以将其删除。删除背景是在"背景"选项卡中进行操作，而删除角色则是在角色列表中进行操作。

（1）删除背景

在背景设置区选中舞台背景，可以看到功能标签区的"造型"标签变为"背景"标签，如下图所示。

单击"背景"标签，展开"背景"选项卡，在背景列表中单击需要删除的背景的缩略图，在缩略图右上角将显示一个"删除"按钮，如下左图所示，单击该按钮就可以将选中的背景删除，删除后的效果如下右图所示。

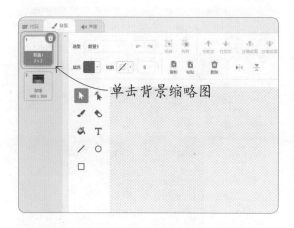

单击背景缩略图

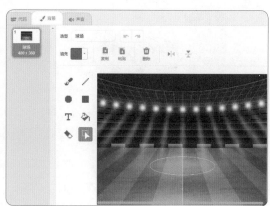

（2）删除角色

在角色列表中单击需要删除的角色的缩略图，在缩略图右上角同样会出现一个"删除"按钮，单击该按钮就可以将选中的角色删除，如下左图所示。此时角色列表和舞台中都不再显示该角色，如下右图所示。

让角色说话和思考

要让角色呈现出说话和思考的状态，可以使用"外观"模块下的说话和思考类积木块。这两类积木块都能在角色旁边显示指定的台词，区别只是显示的样式不同。

让角色说话

这里所说的让角色说话并不是真的让角色发出声音，而是以会话气泡的形式显示台词。如下左图所示，在"说（ ）（ ）秒"积木块的第1个框中输入角色的台词，在第2个框中指定台词显示的时间，运行积木块后，角色旁边会以会话气泡的形式显示台词，时间一到，会话气泡就会消失。如下右图所示的"说（ ）"积木块同样可以让角色"说出"指定的台词，不同的是会话气泡不会自动消失。

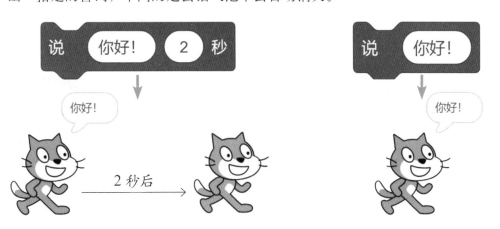

让角色思考

能让角色呈思考状态的积木块有"思考（）（）秒"和"思考（）"积木块。"思考（）（）秒"积木块能用思考气泡的形式表现角色思考的内容，与"说（）（）秒"积木块一样，可以通过设置积木块框中的文字和数值来指定思考的内容和显示时间，如下左图所示。"思考（）"积木块也是用思考气泡的形式表现思考的内容，并且思考的内容会一直显示在舞台上，如下右图所示。

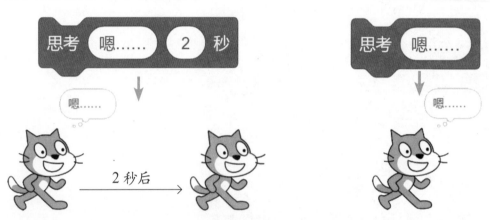

切换角色造型和背景

为角色添加了多个造型、为作品添加了多个背景后，就可以在脚本中通过切换角色造型和背景来创建动态效果。需要用到的积木块同样位于"外观"模块下。

切换角色造型

每个角色可以有一个或多个造型。选中角色后，切换至"造型"选项卡，在造型列表中就可以查看当前角色的所有造型。添加角色素材库中的"Ballerina"角色，在造型列表中可以看到该角色有 4 个造型，如右图所示。

要在脚本中切换角色的造型，可以使用"换成（）造型"和"下一个造型"积木块。

（1）"换成（ ）造型"积木块

"换成（ ）造型"积木块可以让角色切换到指定的造型。单击积木块中的下拉按钮，在展开的列表中选择要切换的造型名称即可。如下左图所示，在列表中选择"balleri-na-c"选项，可以看到舞台中的角色显示为对应的造型，如下右图所示。

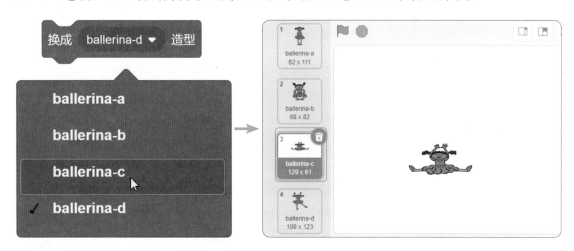

（2）"下一个造型"积木块

"下一个造型"积木块也可以切换造型，但是它只能按照造型列表中各个造型的编号顺序依次切换，并且是循环切换，也就是说，如果当前造型已经是最后一个造型，当再次执行切换时，就会切换到造型列表的第 1 个造型。如下图所示，在造型列表中将"Ballerina"角色切换为第 3 个造型，然后执行"下一个造型"积木块，则舞台中的角色显示第 4 个造型。

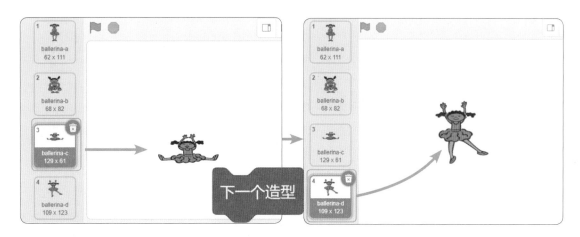

试一试：神奇的变色龙

变色龙可以根据环境的变化，随时改变自己身体的颜色，这样既有利于隐藏自己，又有利于捕捉猎物。下面就来用 Scratch 制作一个有趣的变色龙小动画。

素材文件 ▶ 实例文件 \ 02 \ 素材 \ 森林.jpg、造型1.png～造型4.png

程序文件 ▶ 实例文件 \ 02 \ 源文件 \ 神奇的变色龙.sb3

01 创建一个新作品，上传自定义的"森林"背景。

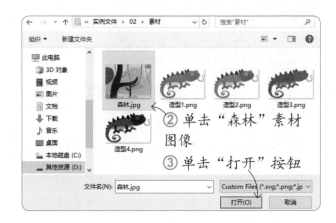

02 删除默认的"角色 1"角色，上传自定义的"造型 1"角色。

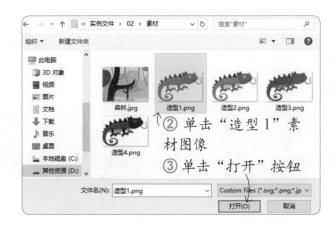

03 在角色列表中将"造型 1"角色重
命名为"变色龙",设置角色大小
为 50,将角色缩小一些。

① 输入角色名"变色龙"

② 输入大小 50

04 在舞台中将"变色龙"角色拖动到
树枝上。

拖动角色

05 为"变色龙"角色添加自定义的"造型 2""造型 3""造型 4"造型。

① 单击"上传造型"按钮

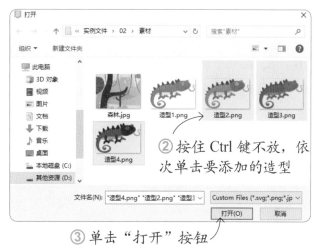

② 按住 Ctrl 键不放,依
次单击要添加的造型

③ 单击"打开"按钮

06 在造型列表中会显示上传的造型。

在造型列表中显示添加的 3 种造型

07 接下来为"变色龙"角色编写脚本：当单击 ▶ 按钮时，让角色显示"造型 1"造型。

① 添加"事件"模块下的"当 ▶ 被点击"积木块

② 添加"外观"模块下的"换成（造型1）造型"积木块

08 利用"重复执行"积木块，让角色依次在几种造型中循环切换。

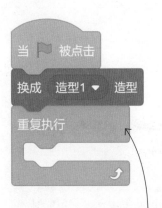

① 添加"控制"模块下的"重复执行"积木块

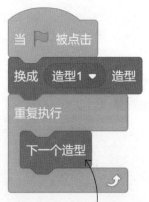

② 添加"外观"模块下的"下一个造型"积木块

09 单击 ▶ 按钮运行脚本，会发现造型切换太快，动画效果显得不自然，因此，添加"等待（）秒"积木块控制造型切换的时间间隔。

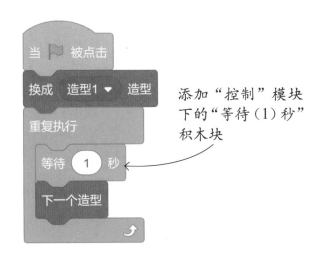

添加"控制"模块
下的"等待(1)秒"
积木块

💡 切换背景

要在脚本中切换背景，可以使用"外观"模块下的"换成（）背景""换成（）背景并等待""下一个背景"积木块。

（1）"换成（）背景"积木块

使用"换成（）背景"积木块可以快速切换到指定的背景。

如下图所示，为作品添加了"Party"和"Theater"两个背景，默认显示位于最后的"Theater"背景；然后在"外观"模块下单击"换成（）背景"积木块中的下拉按钮，在展开的列表中选择"Party"背景，再运行该积木块，就可以看到在背景列表中选中了"Party"背景，同时舞台上也切换为这个背景。

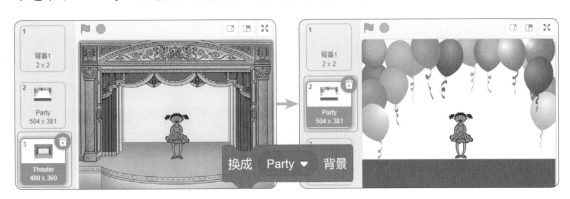

（2）"换成（）背景并等待"积木块

"换成（）背景并等待"积木块也能切换至指定背景，但它会等待与该背景有关的脚本运行结束后，才继续往下运行。需要注意的是，为角色编写脚本时，"外观"模块下不会显示"换成（）背景并等待"积木块，为背景编写脚本时，才会显示"换成（）

背景并等待"积木块。该积木块也是通过
单击下拉按钮来选择要切换的背景，如右
图所示。

选择要切换的背景

（3）"下一个背景"积木块

"下一个背景"积木块与"下一个造型"积木块类似，同样是按照背景列表中各个
背景的编号顺序进行背景切换。如果已经切换至最后一个背景，运行"下一个背景"
积木块，就会切换到背景列表中的第 1 个背景，如下图所示。

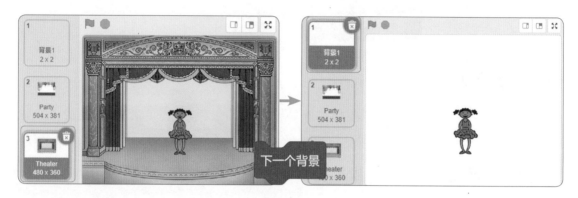

设置角色大小和显示状态

调整角色的大小除了能让角色与背景搭配得更为协调，还能制造一定的动画效果
（如镜头拉近或拉远的效果）。在程序运行的过程中，当我们暂时不需要一个角色时，
可以将这个角色隐藏，等到有需要时再让它显示出来。

将角色设置为指定大小

使用"外观"模块下的"将大小设为（）"积木块可以将角色设置为指定大小。
积木块框中的默认值为 100，即原始大小。输入大于 100 的数值，会放大角色；输入
小于 100 的数值，则会缩小角色。

在作品中添加一个"Bear"角色，其原始大小为 100，如下左图所示；把"将大
小设为（）"积木块框中的数值更改为 50，即可看到角色大小变为原来的一半。

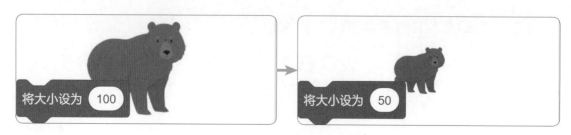

让角色大小在当前值的基础上变化

使用"外观"模块下的"将大小增加（）"积木块可以让角色的大小在当前值的基础上变化指定的量。下左图和下右图分别为在角色大小为 50 的基础上增加 10 和 60 时的效果，此时下左图中角色的大小为 50+10=60，下右图中角色的大小为 50+60=110。

显示 / 隐藏角色

使用"外观"模块下的"显示"或"隐藏"积木块可以显示或隐藏舞台上的角色。如下左图所示，在作品中添加一个"Mouse1"角色，要让角色在单击▶按钮 2 秒后隐藏，可编写如下右图所示的脚本。

需要注意的是，处于隐藏状态的角色是无法被"侦测"模块下的积木块侦测到的。

图形特效

为了让角色或背景呈现更丰富多彩的视觉效果，可以为其添加图形特效。Scratch 提供了多种图形特效，可以根据需要添加或清除。

添加图形特效

使用"外观"模块下的"将（）特效设定为（）"和"将（）特效增加（）"积木块，可以为角色或背景添加图形特效。

（1）"将（）特效设定为（）"积木块

使用"将（）特效设定为（）"积木块可以添加指定强度的特效。单击积木块中的下拉按钮，在展开的列表中可以选择 7 种特效，如右图所示。

下面以下左图中的角色作为示例，为其添加"颜色"和"鱼眼"特效，其他特效大家可以自己动手尝试设置。

"颜色"特效可以改变背景或角色的色调，数值区间为 1~200。为示例角色添加"颜色"特效，并设置数值为 150，效果如下中图所示。需要注意的是，"颜色"特效对黑色无效。

"鱼眼"特效能给人一种通过广角镜头观看角色的感觉，数值区间不限，建议最小值为 −100。为示例角色添加"鱼眼"特效，并设置数值为 150，效果如下右图所示。

（2）"将（）特效增加（）"积木块

"将（）特效增加（）"积木块可以设置某种特效的递增或递减的效果，即在当前特效强度的基础上增加或减少指定的数值。

例如，先将当前角色的"颜色"特效设置为40，如下左图所示，再添加"将（颜色）特效增加（60）"积木块，如下右图所示，这时角色的"颜色"特效为100，与直接将"颜色"特效设置为100时的效果相同。

清除图形特效

"清除图形特效"积木块能清除所有图形特效，让角色恢复原始状态。需要注意的是，该积木块只对图形特效起作用，无法恢复大小、方向等其他外观效果。

创建新作品，添加"Gift"角色，如下左图所示，为该角色应用"颜色"特效，将礼物变为紫色效果，如下右图所示。

若要在1秒后清除应用的"颜色"特效，可以添加"等待（1）秒"积木块，再在该积木块下方添加"清除图形特效"积木块，运行后角色的颜色会在1秒后恢复为原始状态，如下图所示。

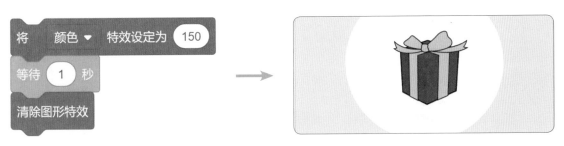

03
事件处理

　　我们按下墙上的开关，灯就会打开或关闭，而编程中的事件就好比开关，它能够触发指定脚本的运行。在 Scratch 中，处理事件的积木块位于"事件"模块下，这些积木块分为两类，分别用于处理外部事件和内部事件。当某种事件发生时，连接在相应积木块下方的脚本就会被触发并运行。

外部事件

　　在 Scratch 中，外部事件主要是指由鼠标或键盘的操作触发的事件，如用鼠标单击▶按钮或某个角色、按下键盘上的某个按键等。此外，声音和时间也能触发外部事件，例如，连接在计算机上的麦克风接收到的声音达到一定的音量，计时器达到一定的时间等。下面分别介绍处理外部事件的积木块的用法。

💡 单击▶按钮触发的事件

　　▶按钮位于舞台的左上方，单击该按钮来触发脚本运行是 Scratch 中最基本的脚本触发方式。想要调用此触发方式，需要为角色添加"事件"模块下的"当▶被点击"积木块。

　　如下图所示，在作品中添加"Fish"角色，并为角色编写脚本，然后单击▶按钮，舞台中的角色就会从初始位置向右移动 150 步。

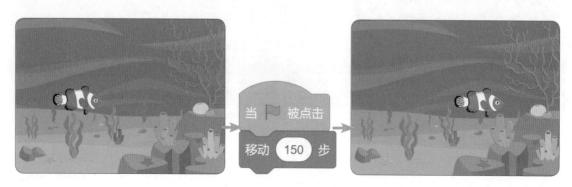

按下指定按键触发的事件

使用"事件"模块下的"当按下（）键"积木块可以侦测用户的按键操作，当按下键盘中的指定按键时，就会触发相应脚本的运行。

如右图所示，单击"当按下（）键"积木块中的下拉按钮，在展开的列表中即可选择需要侦测的按键。可侦测的按键包括空格键、4个方向键（↑、↓、→、←）、10个数字键（0~9）、26个字母键（a~z）、任意键（即按下键盘上任意一个键都能触发脚本运行）。

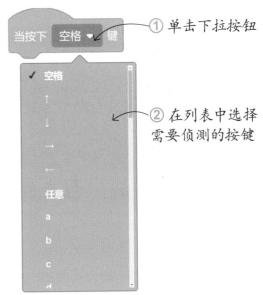

需要注意的是，Scratch 在侦测字母键时是不区分大小写的。例如，假设在列表中选择了字母键a，那么无论是按下大写A还是按下小写a，都将触发脚本的运行。

如下图所示，在作品中添加"City Bus"角色，并为角色编写脚本，然后按下键盘上的→键，角色就会从初始位置向右移动100步。

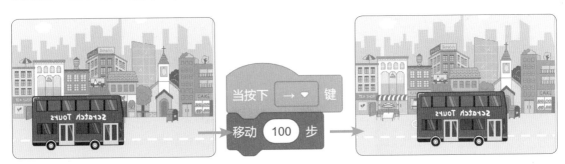

单击角色触发的事件

为某个角色添加"事件"模块下的"当角色被点击"积木块后，当单击舞台中的该角色时，就会执行"当角色被点击"积木块下方的积木块。

如下图所示，在作品中添加"Penguin 2"角色，并为角色编写脚本，然后单击舞台中的角色，就能触发脚本运行，让角色说出"你好！"。

 试一试：百变时装秀

　　下面通过制作一个简单的小游戏"百变时装秀"，帮助大家感受不同触发方式下的脚本运行效果。这个游戏会在舞台上显示一个穿着漂亮衣服和鞋子的小女孩，用鼠标单击衣服或鞋子，可以为小女孩换装。

素材文件 无

程序文件 实例文件 \ 03 \ 源文件 \ 百变时装秀.sb3

01 创建一个新作品，并添加背景素材库中的"Bedroom 1"背景。

① 单击"选择一个背景"按钮

② 单击"Bedroom 1"背景

③ 在舞台中显示添加的背景

02 删除默认的"角色 1"角色，并添加角色素材库中的"Harper"角色。

① 单击"选择一个角色"按钮

选择一个角色

② 单击"人物"标签

③ 单击"Harper"角色

03 继续使用相同的方法，添加角色素材库中的"Dress"和"Shoes"角色。在角色列表中分别设置 3 个角色的坐标位置。

① 设置"Harper"角色坐标 x 为 –98、y 为 12

② 设置"Dress"角色坐标 x 为 –97、y 为 –27

③ 设置 "Shoes" 角色坐标 x 为 -86、y 为 -147

④ 在舞台中显示设置后的 3 个角色

04 选中 "Dress" 角色，为其编写脚本。当单击 ▶ 按钮时，让角色切换为第 1 个造型 "dress-a"。

① 添加 "事件" 模块下的 "当 ▶ 被点击" 积木块

② 添加 "外观" 模块下的 "换成（dress-a）造型" 积木块

05 继续为 "Dress" 角色编写脚本。当单击舞台中的 "Dress" 角色时，让角色切换为造型列表中的下一个造型。

① 添加 "事件" 模块下的 "当角色被点击" 积木块

② 添加 "外观" 模块下的 "下一个造型" 积木块

06 为人物换了衣服后，自然要为其搭配合适的鞋子。选中"Shoes"角色，为其编写脚本。当单击▶按钮时，让该角色切换为第 1 个造型"shoes-a"；当单击舞台中的该角色时，让该角色切换为造型列表中的下一个造型。

① 添加"事件"模块下的"当▶被点击"积木块

③ 添加"事件"模块下的"当角色被点击"积木块

② 添加"外观"模块下的"换成（shoes-a）造型"积木块

④ 添加"外观"模块下的"下一个造型"积木块

💡 声音或时间触发的事件

使用"事件"模块下的"当（）＞（）"积木块可以根据音量大小或计时器数值来触发脚本的运行。

单击"当（）＞（）"积木块中的下拉按钮，在展开的列表中可以看到"响度"和"计时器"两个选项，如右图所示。其中，"响度"是指音量，即当计算机上连接的麦克风接收到的声音的音量大于指定数值时就触发脚本运行；"计时器"则可以看成一个秒表，当这个秒表记录的时间大于指定数值时就触发脚本运行。

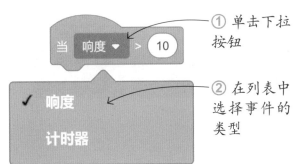

① 单击下拉按钮

② 在列表中选择事件的类型

"响度"和"计时器"可以通过"侦测"模块下的积木块进行实时侦测。其中，"响度"由"响度"积木块实时监测，"计时器"由"计时器"积木块实时计量，如右图所示。

下面用一个小案例展示如何利用"计时器"触发脚本运行。添加"Dragon"角色，为角色添加"当（）＞（）"积木块，在积木块中选择事件类型为"计时器"，然后将积木块框中的数值更改为 5，如下左图所示；添加"重复执行（10）次"积木块，在积木块中嵌入"将（颜色）特效增加（25）"积木块，如下右图所示。

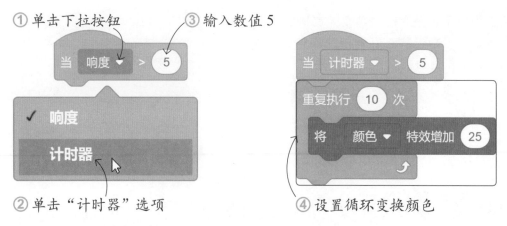

① 单击下拉按钮　③ 输入数值 5

② 单击"计时器"选项　④ 设置循环变换颜色

当计时器中记录的时间小于 5 秒时，角色没有任何变化，如下左图所示；当计时器中记录的时间超过 5 秒时，角色开始改变颜色，如下右图所示。

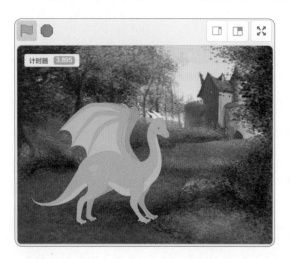

内部事件

内部事件是指程序内部发生的事件。例如，舞台上有两个角色，如果想让其中一个角色告诉另一个角色要做什么事，就可以用一个内部事件来实现。下面分别介绍处理内部事件的积木块的用法。

切换舞台背景触发的事件

当舞台拥有多个背景时，切换为某个背景就会触发一个事件，这个事件可以使用"当背景换成（ ）"积木块来处理。此积木块通常与"换成（ ）背景"积木块搭配使用，即通过"换成（ ）背景"积木块指定要更改的背景，以触发"当背景换成（ ）"积木块下方的脚本运行。

单击"当背景换成（）"积木块中的
下拉按钮，在展开的列表中可以选择触发
脚本运行的背景，如右图所示。列表中显
示的选项与背景列表中的背景名是相互对
应的。

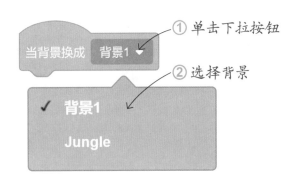

添加背景素材库中的"Jungle"背景，并设置当前背景为白色的"背景 1"背景，
如下左图所示。现在要让舞台中的蝙蝠在切换到"Jungle"背景时开始扇动翅膀。先
添加"当▶被点击"积木块，然后添加"换成（）背景"积木块，在积木块中选择
"Jungle"背景，如下右图所示。

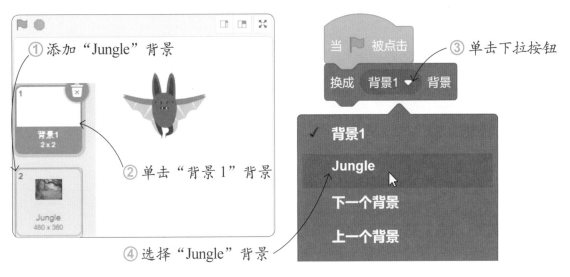

接着添加"当背景换成（）"积木块，并在积木块中选择"Jungle"背景，如下
左图所示。然后在该积木块下方编写切换背景后需要运行的脚本，利用"重复执行"
积木块循环切换造型，让蝙蝠的翅膀扇动起来，如下右图所示。

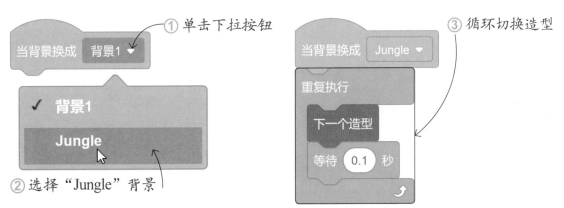

单击▶按钮运行脚本，即可看到当背景由白色切换为"Jungle"背景时，蝙蝠开始切换造型，如右图所示。

自定义的事件

在 Scratch 中，可以创建自定义的事件，以便让一个角色告诉另一个角色在恰当的时候做某件事，这种自定义的事件称为消息。消息的传递分为广播和接收两个部分，先用"广播（）"或"广播（）并等待"积木块广播消息，再用"当接收到（）"积木块在接收到指定消息时触发脚本运行。

（1）广播消息

消息的广播通过"广播（）"或"广播（）并等待"积木块来实现。这两个积木块的功能有一定的区别，下面分别介绍。

■ "广播（）"积木块

使用"广播（）"积木块可以向所有角色和背景发送一条消息，随后立即继续执行该积木块下方的脚本。

消息可以根据需要自行创建。单击"广播（）"积木块中的下拉按钮，在展开的列表中选择"新消息"选项，如下左图所示；在弹出的"新消息"对话框中输入新消息的名称，然后单击"确定"按钮，如下右图所示，即可创建新消息。

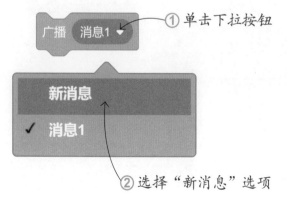

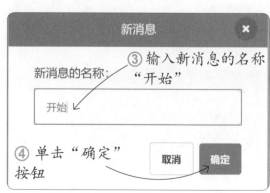

技巧提示 | 广播消息与说话

广播消息和让角色说话是两个不同的概念。广播消息是程序运行的触发机制，而让角色说话只是角色外观上的一种表现。

创建新消息后，再次单击"广播（）"积木块中的下拉按钮，在展开的列表中就可以选择创建的消息，如右图所示。

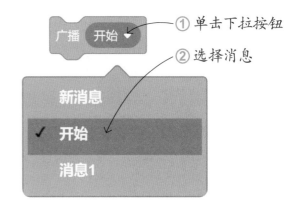

● "广播（）并等待"积木块

使用"广播（）并等待"积木块也可以向所有角色和背景发送一条消息，但是该积木块在广播消息后会等待由这条消息触发的所有脚本都执行完毕，才继续执行其下方的脚本。

与"广播（）"积木块一样，使用"广播（）并等待"积木块广播消息前，也需要创建新消息，其操作方法也是单击积木块中的下拉按钮，在展开的列表中选择"新消息"选项，如下左图所示，然后在弹出的"新消息"对话框中输入新消息的名称，单击"确定"按钮，如下右图所示。

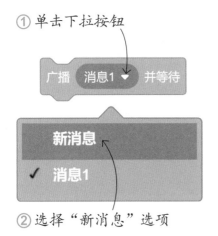

（2）接收消息

创建好消息后，就可以使用"当接收到（）"积木块通过接收消息来触发脚本运行。

单击"当接收到（）"积木块中的下拉按钮，在展开的列表中选择要接收的消息，如右图所示。当接收到所选的消息后，"当接收到（）"积木块下方的脚本就会开始运行。

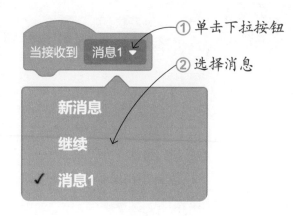

① 单击下拉按钮

② 选择消息

 试一试：小猫跑步

消息的广播与接收是 Scratch 中非常重要的事件处理机制。下面就来制作一个"小猫跑步"的小程序，帮助大家进一步理解消息是如何控制脚本运行的。这个程序的界面中会显示"开始"和"重来"两个按钮，单击不同的按钮会广播不同的消息，控制小猫角色做出不同的动作。

素材文件 实例文件 \ 03 \ 素材 \ 跑步背景.svg

程序文件 实例文件 \ 03 \ 源文件 \ 小猫跑步.sb3

01 创建一个新作品，上传自定义的"跑步背景"背景。

① 单击"上传背景"按钮

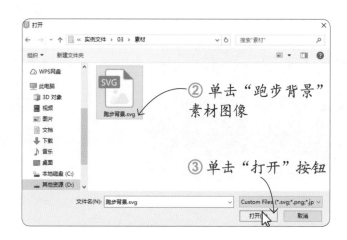

② 单击"跑步背景"素材图像

③ 单击"打开"按钮

02 添加角色素材库中的"Button2"角色，作为程序界面中的按钮。

① 单击"选择一个角色"按钮

② 单击"Button2"角色

03 在"造型"选项卡下将按钮的颜色由蓝色改为绿色，并在按钮上输入文字。

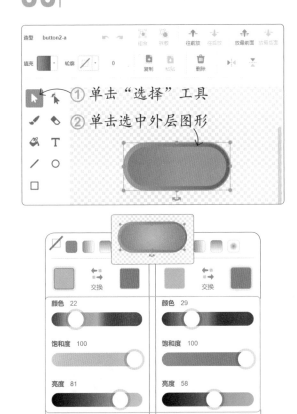

① 单击"选择"工具

② 单击选中外层图形

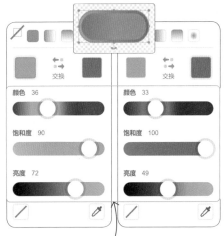

③ 更改外层图形的填充颜色

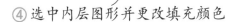

④ 选中内层图形并更改填充颜色

⑤ 单击"文本"工具

⑥ 单击并输入文字"开始"

04 将 "Button2" 角色重命名为 "按钮 1"，并更改角色的坐标位置，然后更改 "角色 1" 角色（小猫）的坐标位置。

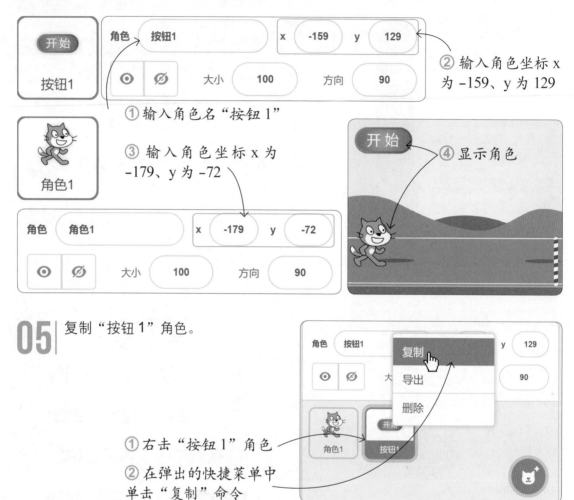

① 输入角色名 "按钮 1"

② 输入角色坐标 x 为 –159、y 为 129

③ 输入角色坐标 x 为 –179、y 为 –72

④ 显示角色

05 复制 "按钮 1" 角色。

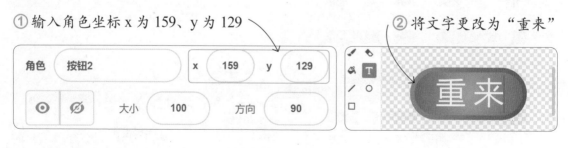

① 右击 "按钮 1" 角色

② 在弹出的快捷菜单中单击 "复制" 命令

06 更改复制得到的 "按钮 2" 角色的坐标位置，然后在 "造型" 选项卡下更改按钮中间的文字。

① 输入角色坐标 x 为 159、y 为 129

② 将文字更改为 "重来"

07 选中 "按钮 1" 角色，为其编写脚本。当单击舞台中的 "按钮 1" 角色时，广播消息 "跑"。

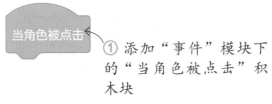 ① 添加"事件"模块下的"当角色被点击"积木块

 ② 添加"事件"模块下的"广播（）"积木块

③ 单击下拉按钮，在展开的列表中选择"新消息"选项

④ 输入新消息的名称"跑"

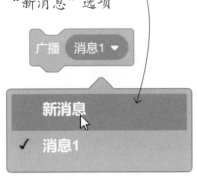

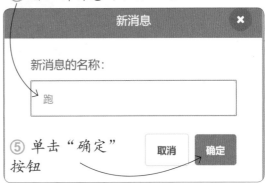

⑤ 单击"确定"按钮

08 选中"按钮2"角色，为其编写脚本。当单击舞台中的"按钮2"角色时，广播消息"重新开始"。

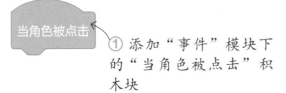 ① 添加"事件"模块下的"当角色被点击"积木块

 ② 添加"外观"模块下的"广播（）"积木块

③ 单击下拉按钮，在展开的列表中选择"新消息"选项

④ 输入新消息的名称"重新开始"

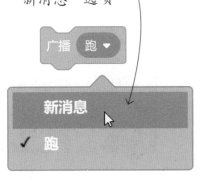

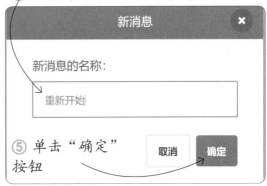

⑤ 单击"确定"按钮

09 选中"角色1"角色（小猫），为其编写脚本。当小猫接收到消息"跑"时，让小猫向终点方向移动。添加"重复执行（）次"积木块，并根据跑道的长度更改重复执行的次数，使小猫能够移动到终点。

① 添加"事件"模块下的"当接收到（跑）"积木块

② 添加"控制"模块下的"重复执行（）次"积木块

③ 将"重复执行（）次"积木块框中的数值更改为 35

10 为了呈现更逼真的跑动效果，让小猫一边移动一边切换造型。

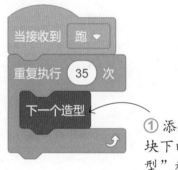

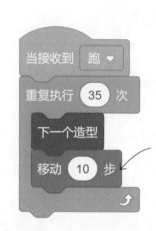

① 添加"外观"模块下的"下一个造型"积木块

② 添加"运动"模块下的"移动（10）步"积木块

11 当小猫接收到消息"重新开始"时，将小猫移回跑道的起点。

①添加"事件"模块下的"当接收到（）"积木块

②单击下拉按钮，在展开的列表中选择"重新开始"选项

③ 添加"运动"模块下的"移到 x:（-179）y:（-72）"积木块

事件的并行

如果想要让角色同时做不同的事，可以创建并行事件。并行事件就是当触发某个事件时，角色会同时执行多个不同的脚本。例如，在右图所示的作品中，我们想要让舞台上的人物一边走一边思考晚饭吃什么。

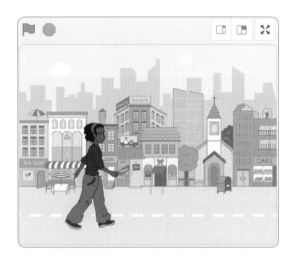

在角色列表中选中人物角色后，先在脚本区添加两个"当▶被点击"积木块，然后分别在这两个积木块下方添加不同的运行脚本。下左图所示的脚本用于表现人物的思考状态，下右图所示的脚本则用于控制人物的移动。

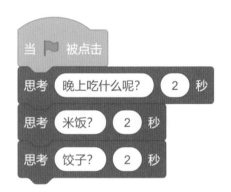

 试一试：破壳而出的小鸡

下面通过制作一个小动画"破壳而出的小鸡"来帮助大家进一步理解并行事件的触发方式。在这个动画中，当单击舞台中的鸡蛋时，小鸡就会破壳而出，并同时对着母鸡叫"妈妈！"。

素材文件　无

程序文件　实例文件 \ 03 \ 源文件 \ 破壳而出的小鸡.sb3

01 创建一个新作品，添加背景素材库中的"Farm"背景。然后删除默认的"角色 1"角色，添加角色素材库中的"Hen"和"Hatchling"角色，并调整它们的坐标位置。

① 设置"Hen"角色的坐标 x 为 8、y 为 –105

② 设置"Hatchling"角色的坐标 x 为 128、y 为 –111

③ 显示设置后的舞台背景和角色

02 选中"Hen"角色，为其编写脚本。当单击 ▶ 按钮时，让角色说出"我来看看我的宝宝出来没有。"。

① 添加"事件"模块下的"当▶被点击"积木块

② 添加"外观"模块下的"说（）（2）秒"积木块

③ 将"说（）（2）秒"积木块第 1 个框中的文字更改为"我来看看我的宝宝出来没有。"

03 选中"Hatchling"角色，为其编写脚本。当单击▶按钮时，让角色显示为"hatchling-a"造型（即鸡蛋的外形）。

① 添加"事件"模块下的"当▶被点击"积木块

② 添加"外观"模块下的"换成（hatchling-a）造型"积木块

04 当单击舞台上的"Hatchling"角色时，让角色显示为"hatchling-b"造型（即小鸡破壳而出的外形）。

① 添加"事件"模块下的"当角色被点击"积木块

② 添加"外观"模块下的"换成（）造型"积木块

③ 单击下拉按钮，在展开的列表中选择"hatchling-b"选项

05 小鸡破壳而出的同时还会呼唤母鸡，因此，再为"Hatchling"角色添加一组并行事件的脚本。

① 添加"事件"模块下的"当角色被点击"积木块

② 添加"外观"模块下的"说（）（2）秒"积木块

③ 将"说（）（2）秒"积木块第 1 个框中的文字更改为"妈妈！"

06 为了丰富舞台内容，再复制两个"Hatchling"角色，并用鼠标将复制出的角色拖动到合适的位置。

① 右击"Hatchling"角色

② 在弹出的快捷菜单中单击"复制"命令

③ 复制两个"Hatchling"角色

④ 调整角色位置

让角色动起来

04

"运动"模块下的积木块能赋予角色移动和转动的能力，看似简单的几个动作，经过灵活的组合也能获得意想不到的效果。实际上，在前面几章的案例中我们已经用到了"运动"模块下的一些基本积木块，本章则会对该模块下的积木块进行更加全面、系统的介绍。

通过修改坐标来移动角色

在第 1 章介绍 Scratch 的工作界面时提到过，Scratch 主要通过舞台上的坐标系来定义角色的位置。坐标系的水平方向是 x 轴，垂直方向是 y 轴，坐标值的单位是"步"。在角色列表中修改角色的 x 坐标和 y 坐标，可以改变角色在舞台上的位置。

如果要在脚本中修改角色的 x 坐标和 y 坐标，则要使用"运动"模块下的积木块，分别是"将 x 坐标设为（ ）""将 y 坐标设为（ ）""将 x 坐标增加（ ）""将 y 坐标增加（ ）""移到 x：（ ）y：（ ）""在（ ）秒内滑行到 x：（ ）y：（ ）"。用这些积木块修改了角色的坐标，就相当于在舞台上移动了角色。下面分别讲解这些积木块的用法。

💡 分别指定 x 和 y 坐标

使用"将 x 坐标设为（ ）"和"将 y 坐标设为（ ）"积木块可以分别直接指定角色的 x 坐标和 y 坐标。

（1）指定角色的 x 坐标

"将 x 坐标设为（ ）"积木块用于指定角色的 x 坐标，即角色在舞台上的水平位置。该积木块的框中默认的数值为 0，将数值修改为正数时角色向右移动，将数值修改为负数时角色向左移动。

如下图所示为把"将x坐标设为（）"积木块框中的数值从0分别修改为150和−150时角色位置的变化。

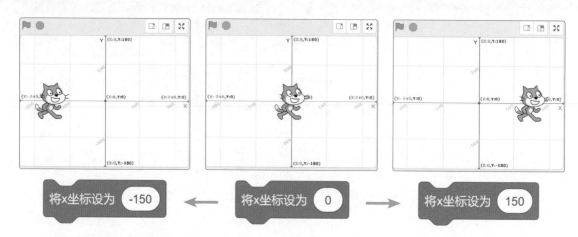

（2）指定角色的y坐标

"将y坐标设为（）"积木块用于指定角色的y坐标，即角色在舞台上的垂直位置。与"将x坐标设为（）"积木块一样，"将y坐标设为（）"积木块框中默认的数值也为0，将数值修改为正数时角色向上移动，将数值修改为负数时角色向下移动。

如下图所示为把"将y坐标设为（）"积木块框中的数值从0分别修改为100和−100时角色位置的变化。

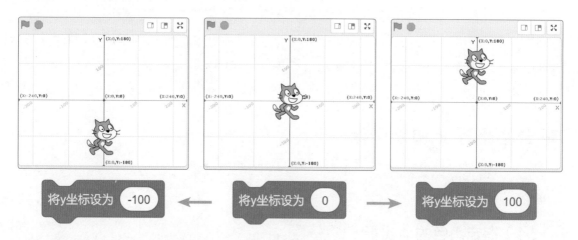

通过增量分别修改x和y坐标

使用"将x坐标增加（）"和"将y坐标增加（）"积木块可以让角色的x坐标和y坐标分别相对于当前值改变指定的量，从而让角色相对于当前位置分别在水平方向和垂直方向上移动指定的距离。

如下图所示，为小猫角色和小狗角色设置相同的初始位置，为小猫添加"将 x 坐标增加（150）"积木块，为小狗添加"将 x 坐标设为（150）"积木块，然后分别运行积木块，大家可以更好地感受这两类积木块在移动角色效果上的区别。

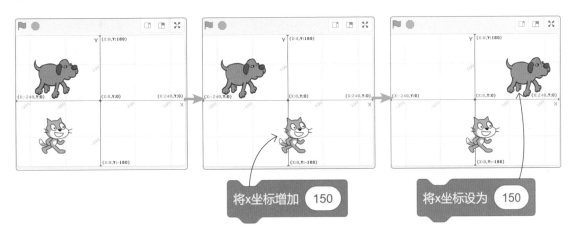

 试一试：小汽车嘀嘀嘀

下面利用前面介绍的积木块制作一个用方向键移动小汽车的动画。主要原理是通过侦测到的方向键来决定修改 x 坐标还是 y 坐标，以及数值的变化量是正值还是负值。

素材文件 ▶ 实例文件 \ 04 \ 素材 \ 道路.jpg、小汽车1.svg、小汽车2.svg
程序文件 ▶ 实例文件 \ 04 \ 源文件 \ 小汽车嘀嘀嘀.sb3

01 创建一个新作品，上传自定义的"道路"背景。删除默认的"角色 1"角色，然后上传自定义的"小汽车 1"角色，并将角色移到舞台右下角的道路起点位置。

① 上传"道路"背景

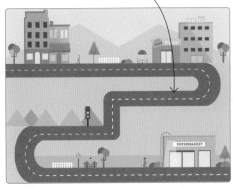

② 上传"小汽车 1"角色，并设置坐标位置

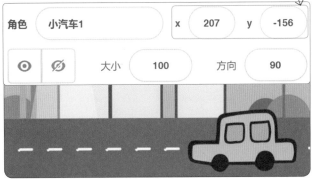

02 切换到"造型"选项卡，利用"上传造型"按钮上传"小汽车2"素材图像，为"小汽车1"角色添加另一种造型。

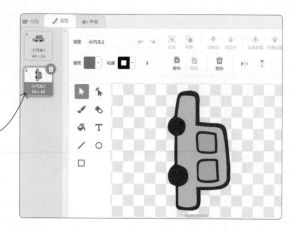

上传"小汽车2"造型

03 选中"小汽车1"角色，为其编写脚本。当单击▶按钮时，让角色显示为"小汽车1"造型，并将角色移到道路的起点。

① 添加"事件"模块下的"当▶被点击"积木块

② 添加"外观"模块下的"换成（小汽车1）造型"积木块

③ 添加"运动"模块下的"将x坐标设为（207）"积木块

④ 添加"运动"模块下的"将y坐标设为（-156）"积木块

04 当按下键盘中的←键时，让角色显示为"小汽车1"造型。

① 添加"事件"模块下的"当按下（）键"积木块

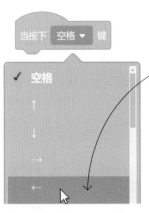

② 单击下拉按钮，在展开的列表中选择"←"选项

③ 添加"外观"模块下的"换成（小汽车1）造型"积木块

05 切换造型后，让角色向左移动一定的距离。

① 添加"运动"模块下的"将 x 坐标增加（）"积木块

② 把"将 x 坐标增加（）"积木块框中的数值更改为 –5

06 复制脚本并更改参数，实现当按下→键时，让角色向右移动一定的距离。

① 右击"当按下（）键"积木块

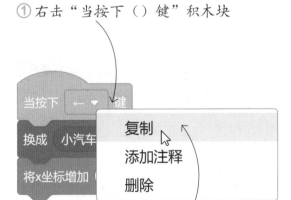

② 在弹出的快捷菜单中单击"复制"命令

③ 在空白处单击以复制积木组，将"当按下（）键"积木块侦测的按键更改为→键

④ 把"将 x 坐标增加（）"积木块框中的数值更改为 5

07 使用相同的思路编写脚本，分别实现按下 ↑ 键和按下 ↓ 键时的移动效果。当按下 ↑ 键时，让角色显示为"小汽车2"造型，并向上移动一定的距离；当按下 ↓ 键时，同样显示为"小汽车2"造型，并向下移动一定的距离。

① 添加"事件"模块下的"当按下（↑）键"积木块

② 添加"外观"模块下的"换成（小汽车2）造型"积木块

③ 添加"运动"模块下的"将y坐标增加（5）"积木块

④ 添加"事件"模块下的"当按下（↓）键"积木块

⑤ 添加"外观"模块下的"换成（小汽车2）造型"积木块

⑥ 添加"运动"模块下的"将y坐标增加（−5）"积木块

同时指定 x 和 y 坐标

如果要同时指定角色的 x 和 y 坐标，可以使用"移到 x：（ ）y：（ ）"积木块或"在（ ）秒内滑行到 x：（ ）y：（ ）"积木块。这两个积木块实现的移动效果有一定区别，下面分别进行讲解。

（1）瞬移至指定坐标位置

使用"移到 x：（ ）y：（ ）"积木块可以将角色快速移动到指定坐标处，看起来就像角色突然消失，然后出现在另一个地方。

如下图所示，为狐狸添加"移到 x：（ ）y：（ ）"积木块，然后在积木块中分别输入要移到位置的 x 和 y 坐标，运行积木块，就可以看到狐狸瞬移到兔子附近。

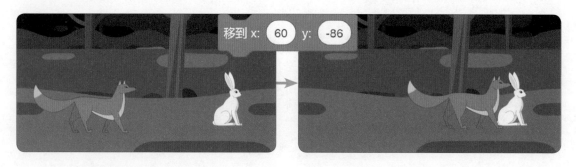

（2）滑行至指定坐标位置

使用"移到 x：（ ）y：（ ）"积木块实现的移动效果通常很突兀，如果想要让角色慢慢地移动到指定坐标位置，则要使用"在（）秒内滑行到 x：（） y：（）"积木块。该积木块在"移到 x：（） y：（）"积木块的基础上增加了一个移动耗时的参数，能够让角色看起来像是一步步移向目标位置，而不是瞬移过去。

使用"在（）秒内滑行到 x：（） y：（）"积木块移动角色时，除了要输入 x 和 y 坐标，还要在第 1 个框中输入移动的时间，输入的值越大，角色移动得越慢。如下图所示，为狐狸添加"在（）秒内滑行到 x：（） y：（）"积木块，输入和之前相同的坐标，再在第 1 个框中输入数值 5，运行积木块，就能看到狐狸慢慢地向兔子移动的过程。

让角色移动指定步数

"移动（）步"积木块可以让角色移动指定的步数，移动的方向默认为与角色面朝的方向一致。想让角色移动几步，就在积木块的框中输入相应的数值。若输入的是正数，角色会沿着其面朝方向移动；若输入的是负数，则角色会沿着其面朝方向的相反方向移动。

如下左图所示，小猫角色的初始位置是舞台中心，面朝右方。如果要让小猫从初始位置向右移动 100 步，可使用"移动（100）步"积木块，如下中图所示。如果要让小猫从初始位置向左移动 100 步，则使用"移动（-100）步"积木块，如下右图所示。

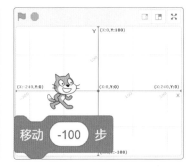

如果要改变角色移动的方向，则要用到"面向（）方向""右转／左转（）度""面向（）"等积木块，相关的知识会在后面讲解。

试一试：青蛙过河

下面利用前面所学的知识制作一个小动画"青蛙过河"：当单击▶️按钮时，青蛙会移动到第一片荷叶上；当单击青蛙时，青蛙会依次跳到第二片、第三片荷叶上。

> **素材文件** 实例文件 \ 04 \ 素材 \ 池塘.jpg

> **程序文件** 实例文件 \ 04 \ 源文件 \ 青蛙过河.sb3

01 创建一个新作品，上传自定义的"池塘"背景。删除默认的"角色1"角色，然后添加角色素材库中的"Wizard-toad"角色，并设置角色的坐标位置。

① 上传自定义的"池塘"背景　　② 添加"Wizard-toad"角色，并设置坐标位置

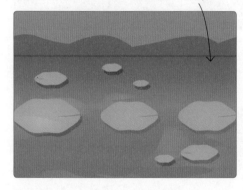

02 选中"Wizard-toad"角色，为其编写脚本。当单击▶️按钮时，设置角色的初始造型，并将角色移到第一片荷叶上。

① 添加"事件"模块下的"当▶️被点击"积木块

② 添加"外观"模块下的"换成（wizard-toad-a）造型"积木块

③ 添加"运动"模块下的"移到 x：(-160) y：(-20)"积木块

03 当单击舞台中的"Wizard-toad"角色时，角色向右移动一定的步数，并切换为跳起的造型。

① 添加"事件"模块下的"当角色被点击"积木块

② 添加"运动"模块下的"移动（）步"积木块

③ 将"移动（）步"积木块框中的数值更改为85

④ 添加"外观"模块下的"下一个造型"积木块

04 下面来运行一下脚本，看看效果。单击 🚩 按钮，将青蛙移到第一片荷叶上，再单击青蛙，就可以看到青蛙向着第二片荷叶跳起。

① 单击 🚩 按钮

② 单击第一片荷叶上的青蛙

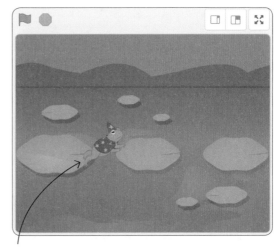

③ 青蛙向右移动 85 步，并切换为跳起的造型

05 继续为"Wizard-toad"角色编写脚本，实现青蛙落在第二片荷叶上的效果。在角色切换造型后，等待 0.2 秒，让角色再向右移动一定的步数，然后切换为蹲着的造型。

① 添加"控制"模块下的"等待（）秒"积木块

② 将"等待（）秒"积木
块框中的数值更改为 0.2

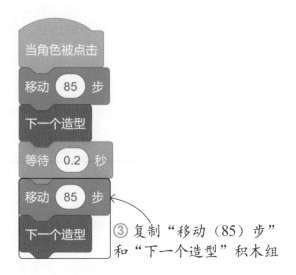

③ 复制"移动（85）步"
和"下一个造型"积木组

06 到这里，脚本就编写完成了。单击 ▶ 按钮，将青蛙重新移回第一片荷叶上。单击
第一片荷叶上的青蛙，就能看到青蛙跳起并落在第二片荷叶上的完整动画效果。
再次单击第二片荷叶上的青蛙，也能看到同样的动画效果。

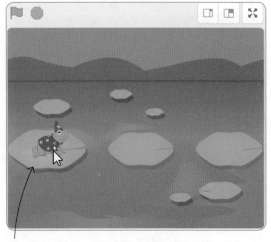

① 单击第一片荷叶上的青蛙

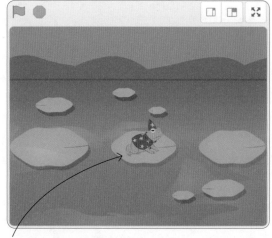

② 青蛙向右移动到第二片荷叶上，并切
换为蹲着的造型

让角色移向其他角色、鼠标指针或随机位置

有时无法事先知道角色移动的目标位置的坐标值，而是以其他角色或鼠标指针的
位置作为角色移动的目标位置，此时就可以使用"移到（）"积木块或"在（）秒内
滑行到（）"积木块。此外，这两个积木块还可以将角色移动到舞台上的随机位置。
下面分别讲解它们的用法。

"移到（）"积木块实现的效果是将角色瞬移到目标位置，单击积木块中的下拉按钮，在展开的列表中可以选择角色移动的目标位置，如右图所示。如果当前作品包含多个角色，列表中还会显示其他角色的名称以供选择。

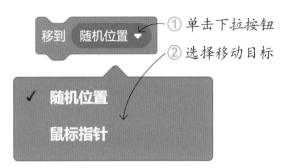

在如右图所示的作品中有小男孩和足球两个角色。如果要将小男孩快速移到足球所在的位置，就可以为小男孩添加"移到（）"积木块，再单击积木块中的下拉按钮，在展开的列表中选择"足球"选项，如下左图所示。运行积木块，即可看到小男孩被瞬移至足球所在的位置，如下右图所示。

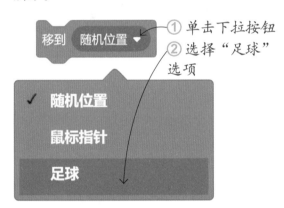

"在（）秒内滑行到（）"积木块在"移到（）"积木块的基础上增加了一个移动耗时的参数，因而其实现的效果是在指定时间内将角色逐渐移到目标位置。使用此积木块时先在框中输入滑行的时间，然后单击下拉按钮，在展开的列表中选择角色滑行的目标位置，如右图所示。同样地，如果当前作品包含多个角色，列表中还会显示其他角色的名称以供选择。

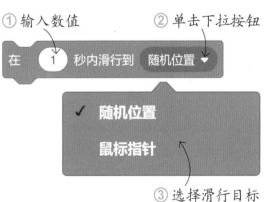

还是以前面的作品为例。为小男孩添加"在（）秒内滑行到（）"积木块，然后在积木块的框中输入数值5，再单击下拉按钮，在展开的列表中选择"足球"选项，如右图所示。

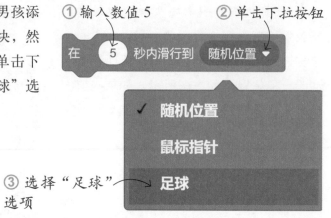

运行积木块，就能看到小男孩慢慢地移向足球的过程，如下图所示。

 试一试：企鹅滑冰

下面利用"在（）秒内滑行到（）"积木块制作一个小动画"企鹅滑冰"：当单击舞台上的企鹅时，企鹅会慢慢地滑向终点。

素材文件 ▶ 实例文件\04\素材\旗子.svg

程序文件 ▶ 实例文件\04\源文件\企鹅滑冰.sb3

01 创建一个新作品，添加背景素材库中的"Arctic"背景。删除默认的"角色1"角色，然后添加角色素材库中的"Penguin 2"角色，上传自定义的"旗子"角色，并在角色列表中设置角色的属性。

① 输入角色名"企鹅"，坐标 x 为 -135、y 为 -48，大小为 50

② 输入角色坐标 x 为 173、y 为 13

02 | 以绘制的方式添加一个角色，命名为"终点"，并在舞台上拖动调整角色的位置，将其放在"旗子"角色下方。

① 单击"绘制"按钮

② 单击"圆"工具

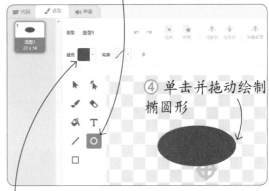

④ 单击并拖动绘制椭圆形

③ 设置填充颜色为蓝色（颜色 57、饱和度 100、亮度 58）

⑤ 输入角色名"终点"

⑥ 在舞台上拖动角色调整位置

03 | 选中"企鹅"角色，为其编写脚本。当单击 ⚑ 按钮时，将角色移到舞台左侧的初始位置。

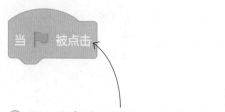

① 添加"事件"模块下的"当▶被点击"积木块

② 添加"运动"模块下的"移到 x:(-135) y:(-48)"积木块

04 当单击"企鹅"角色时,让角色在4秒内滑向舞台右侧的"终点"角色所在的位置。

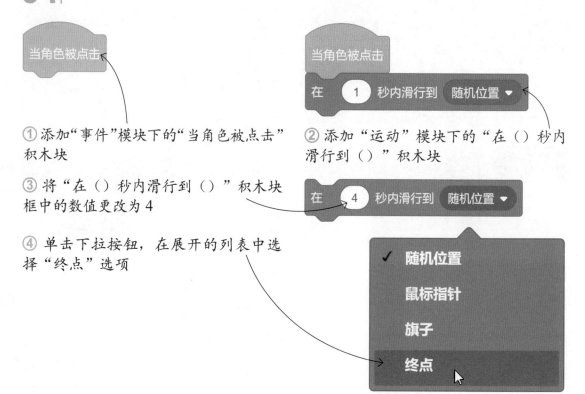

① 添加"事件"模块下的"当角色被点击"积木块

② 添加"运动"模块下的"在()秒内滑行到()"积木块

③ 将"在()秒内滑行到()"积木块框中的数值更改为4

④ 单击下拉按钮,在展开的列表中选择"终点"选项

调整角色的方向

在 Scratch 中,角色的方向有两重含义:角色移动的方向和角色面朝的方向。默认情况下,两者是一致的。我们在现实生活中描述自己行走的方向时也常常会说:"我正在面向着……的方向前进。"

在 Scratch 中,方向是用角度来表示的。以默认的小猫角色为例,在角色列表的"方向"框中可以看到,小猫的初始方向是 90°,此时小猫面朝右方。单击"方向"框中的数值,会弹出一个带箭头的角度圆盘,拖动圆盘上的箭头就可以设置方向,也可以直接在框中输入数值，舞台中的小猫就会围绕自身的中心点旋转到对应的方向，如下左图所示。细心的读者可能已经发现，这个圆盘就像是钟表的表盘，而箭头就像是时针。我们都知道，时针从 0 点到 12 点转过的角度是从 0° 变化到 360°，那么 Scratch 中角色的角度是不是也按这个规律变化呢？下面就来验证一下。

在"方向"框中输入0,让小猫面向上方,然后顺时针拖动圆盘中的箭头,可以看到"方向"框中的角度先是从 0° 变化到 180°，然而转过 180° 之后，角度不是像我们期望的那样在180°～360°之间变化，而是从 −180° 变化到 0°，如下右图所示。

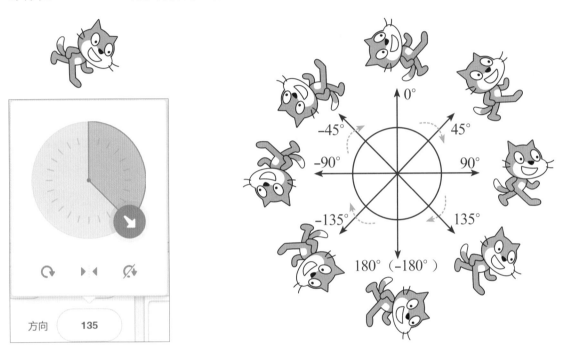

这种角度体系可能理解起来有点困难，但是不用担心，我们仍然可以借助钟表的时针来确定方向的角度,而Scratch会自动进行转换。例如,要让小猫面向9点钟的方向,时针从0点到9点转过的角度是270°,那么就在"方向"框中输入数值270,按Enter键,可以看到 Scratch 会自动将 270 转换为 −90，而舞台上的小猫面向的正是我们所期望的 9 点钟方向。

了解完 Scratch 的角度体系，下面来学习与角色的方向有关的积木块。

直接指定角色的方向

使用"运动"模块下的"面向（）方向"积木块能直接指定角色的方向。如下图所示，单击积木块框中的数值，同样会弹出一个带箭头的角度圆盘，拖动圆盘上的箭头或者在框中输入数值，就可以设置角色的方向。

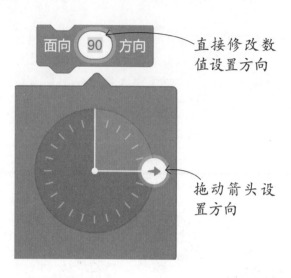

直接修改数值设置方向

拖动箭头设置方向

通过增量改变角色的方向

使用"运动"模块下的"右转（）度"和"左转（）度"积木块可以让角色的方向绕着自身的中心点旋转指定的角度。其中，"右转（）度"积木块是让角色顺时针旋转，如下左图所示；"左转（）度"积木块则是让角色逆时针旋转，如下右图所示。

以鼠标指针或其他角色作为目标方向

使用"运动"模块下的"面向（）"积木块可以让角色以鼠标指针或其他角色作为目标方向。单击积木块中的下拉按钮，在展开的列表中可以选择目标方向。当作品中只有一个角色时，列表中只有"鼠标指针"一个选项，如下左图所示，该选项能让角色的方向始终朝向鼠标指针，如下右图所示。

单击下拉按钮

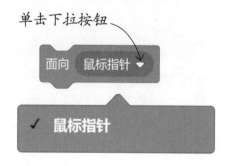

如果作品中有多个角色，"面向（）"积木块的列表中除了"鼠标指针"选项，还会显示其他角色的名称以供选择。如下图所示，作品中除了默认的小猫角色，还添加了角色素材库中的"Fishbowl"（鱼缸）角色，如果想要让小猫面向鱼缸的方向，就为小猫角色添加"面向（）"积木块，单击积木块中的下拉按钮，在展开的列表中选择"Fishbowl"选项即可。

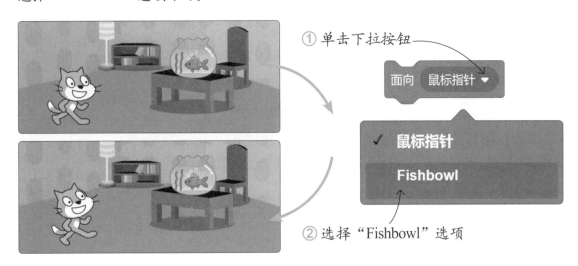

设置角色的旋转方式

前面介绍的积木块实际上改变的是角色移动的方向，只是因为默认情况下角色面向的方向会与角色移动的方向保持一致，所以这些积木块在改变移动方向的同时也就改变了面向方向。Scratch 提供了更改角色旋转方式的选项，可以让角色面向的方向与角色移动的方向不一致，而是以另外的方式变化。

在角色列表中设置方向时弹出的圆盘下方有 3 个按钮，分别为"任意旋转""左右翻转""不可旋转"，如下左图所示，这些按钮就是用来设置角色的旋转方式的。与之对应的积木块是"运动"模块下的"将旋转方式设为（）"积木块，如下右图所示。

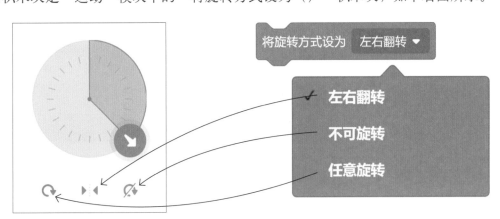

下面以默认的小猫角色为例来讲解这些旋转方式的应用效果。

（1）任意旋转

"任意旋转"是默认的旋转方式，它能让角色面向的方向与角色移动的方向保持一致。

如右图所示，将旋转方式设为"任意旋转"后，再将角色移动的方向设为 −135°，则角色面向的方向也会顺时针旋转至相同角度，此时角色会呈现"脚上头下"的姿势。

（2）左右翻转

"左右翻转"是指不管角色移动的方向如何变化，角色面向的方向只能为正右方或正左方，并且如果角色面向的是正左方，还会对角色进行水平翻转，以让角色保持"头上脚下"的姿势。

如右图所示，将旋转方式设为"左右翻转"后，再将角色移动的方向设为 −135°，则角色面向正左方，并且保持"头上脚下"的姿势。

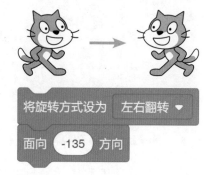

（3）不可旋转

"不可旋转"是指不管角色移动的方向如何变化，角色面向的方向始终为正右方。

如右图所示，将旋转方式设为"不可旋转"后，再将角色移动的方向设为 −135°，则角色仍然面向正右方。

让角色碰到边缘时反弹

舞台的宽度和高度都是有限的，因此，在程序中需要明确当角色运动到舞台边缘时，后续应该怎样运动。这时就需要用到"运动"模块下的"碰到边缘就反弹"积木块，它能让角色在碰到舞台边缘时按照物理学中光线的反射规律自动反弹，向着新的方向运动。该积木块通常与"将旋转方式设为（）"积木块配合使用，以获得想要的动画效果。

先来看看在不使用"碰到边缘就反弹"积木块的情况下，角色运动到舞台边缘时会是什么效果。为小狗角色编写如右图所示的脚本，让小狗一边移动一边切换造型，脚本的运行效果如下图所示，当小狗移动到舞台边缘后，就会"卡"在那里，虽然仍在切换造型，但是无法前进。

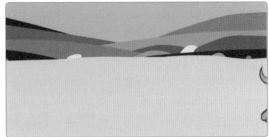

在"重复执行"积木块中添加一个"碰到边缘就反弹"积木块，再次运行脚本，可以看到小狗在向右移动到舞台边缘后，不会被卡住，而是倒立过来，以"脚上头下"的姿势继续向左移动，如右图所示。之所以是"脚上头下"的姿势，是因为此时角色的旋转方式是默认的"任意旋转"。

继续改进脚本，添加"将旋转方式设为（ ）"积木块，更改角色的旋转方式为"左右翻转"，运行脚本后可以看到，小狗在向右移动到舞台边缘后，以"头上脚下"的姿势继续向左移动，如下左图所示。如果将角色的旋转方式设置为"不可旋转"，则小狗在向右移动到舞台边缘后，会"倒退"着继续向左移动，如下右图所示。

05

控制程序的运行

Scratch 中的控制类积木块主要用于控制程序运行的逻辑流程，正是因为有了控制类积木块，程序才能变得强大而灵活。控制类积木块是非常重要的一类积木块，大家在学习过程中需要多花点时间去思考和实践。

等待

如果想让脚本执行到某个地方时暂停一下，可以使用等待类积木块。等待类积木块有两个：一个是"等待（）秒"积木块，它能直接控制等待的时间；另一个是"等待（）"积木块，它根据指定条件是否成立来决定是否继续等待。

🔅 时间等待

"等待（）秒"积木块用于控制脚本在等待指定的时间后再继续运行。在积木块的框中输入数值（可以是整数或小数），即可设置等待的时间，如右图所示。

输入数值设置等待的时间

右图所示的脚本使用了"等待（）秒"积木块来调节造型切换的时间间隔，让动画效果更加自然。

此外，在制作两个角色对话的场景时，也常常使用"等待（）秒"积木块来让对话的衔接更加流畅。例如，角色 A 开始说话后，用"等待（）秒"积木块让角色 B 等到角色 A 把话说完后再开始说话。

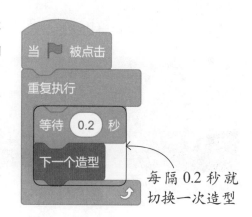

每隔 0.2 秒就切换一次造型

条件等待

"等待（）"积木块会一直监视着指定的条件，直到条件成立时才继续运行后续脚本，否则就一直等待。举一个生活中的例子来帮助大家理解：汽车行驶到路口遇到红灯时就需要停下来等待，直到信号灯变成绿灯，汽车才能继续行驶。

在"等待（）"积木块的六边形条件框中可以指定继续运行脚本要满足的条件，如右图所示。这个条件通常需要使用"侦测"和"运算"模块下的积木块来设置。

指定继续运行脚本要满足的条件

前面的实例脚本每隔0.2秒就让角色切换一次造型，如果想要每按下一次空格键就切换一次造型，可以添加"等待（）"积木块，再在积木块的条件框中添加"侦测"模块下的"按下（空格）键？"积木块，如右图所示。

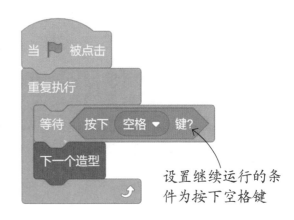

设置继续运行的条件为按下空格键

循环

如果想让程序一遍又一遍地重复做相同的事情，可以使用循环类积木块来构造循环。循环类积木块有3个——"重复执行（）次""重复执行""重复执行直到（）"，分别用于构造限次循环、无限循环、条件循环。在编写脚本时添加循环类积木块，再在循环类积木块的内部放置其他积木块，在运行脚本时，循环类积木块内部的积木块就会被重复执行。

限次循环

"重复执行（）次"积木块用于构造限次循环，它会按照指定的次数重复执行其内部的脚本，重复执行完毕后再继续执行后续的脚本。该积木块一般应用在已经确切知道需要循环多少次的情况下，如让角色跳3下、切换4次造型等。

在"重复执行（）次"积木块的框中输入数值来指定循环的次数，如下左图所示；也可以在框中嵌入圆角矩形的积木块，将其运算的结果作为循环的次数，如下右图所示。

在下面这个程序中，想要让小猫移动100步，并且每移动10步就停顿0.5秒，很容易就能计算出循环的次数为10次。先添加"重复执行（10）次"积木块，然后在积木块内部依次添加"移动（10）步"和"等待（0.5）秒"积木块，如下图所示。

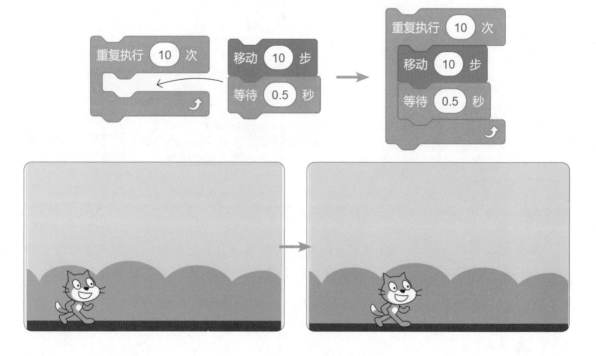

 试一试：弹跳的篮球

下面利用循环制作一个小动画"弹跳的篮球"。在舞台上会显示一个篮球，用鼠标单击篮球时，篮球就会像被"拍"了一下，开始上下跳动。

素材文件 ▷ 无

程序文件 ▷ 实例文件\05\源文件\弹跳的篮球.sb3

01 创建新作品，添加背景素材库中的"Basketball 1"背景，删除默认的"角色 1"角色，然后添加角色素材库中的"Basketball"角色，并调整角色的坐标位置。

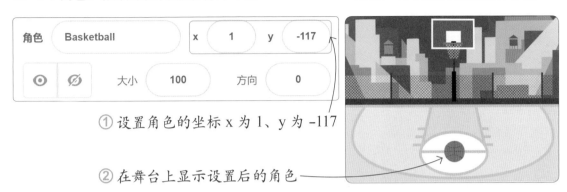

① 设置角色的坐标 x 为 1、y 为 –117

② 在舞台上显示设置后的角色

02 选中"Basketball"角色，为其编写脚本。设置触发脚本运行的事件为用鼠标单击角色，然后利用限次循环设置篮球弹跳的次数。

① 添加"事件"模块下的"当角色被点击"积木块

② 添加"控制"模块下的"重复执行（）次"积木块，将框中的数值更改为 3

03 在控制篮球弹跳次数的限次循环内部再次构造限次循环，控制篮球重复向上移动，呈现篮球弹起的动画效果。

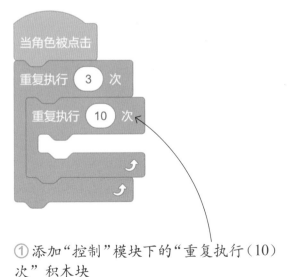

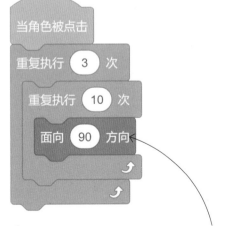

① 添加"控制"模块下的"重复执行（10）次"积木块

② 添加"运动"模块下的"面向（）方向"积木块

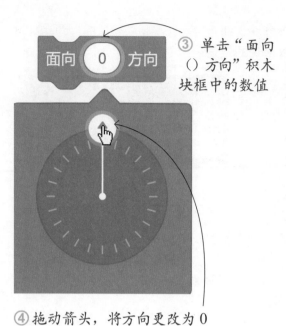

③ 单击"面向（）方向"积木块框中的数值

④ 拖动箭头，将方向更改为 0

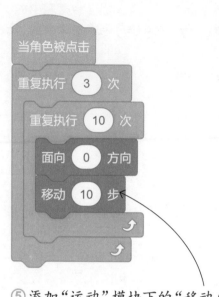

⑤ 添加"运动"模块下的"移动（10）步"积木块

04 在控制篮球向上移动的限次循环下方继续构造限次循环，控制篮球重复向下移动，呈现篮球落下的动画效果。

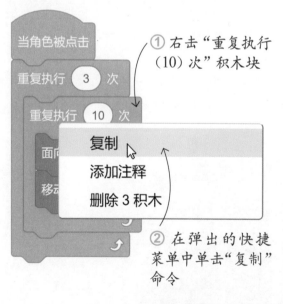

① 右击"重复执行（10）次"积木块

② 在弹出的快捷菜单中单击"复制"命令

③ 单击粘贴积木组，再将"移动（）步"积木块框中的数值更改为 -10

无限循环

如右图所示的"重复执行"积木块用于构造无限循环，它会重复执行其内部的脚本，不会自动停止。若要人为强制停止无限循环，可以单击舞台左上方的 ● 按钮。

在下面这个程序中，想要让兔子一直在舞台中来回运动。先添加"重复执行"积木块，然后在积木块内部添加"运动"模块下的"移动（10）步""碰到边缘就反弹""将旋转方式设为（左右翻转）"积木块，如下图所示。

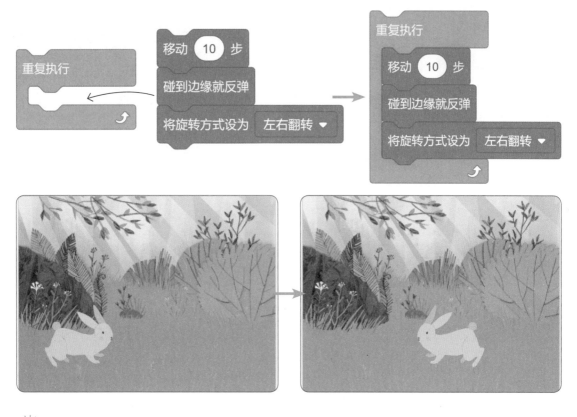

条件循环

如右图所示的"重复执行直到（）"积木块用于构造条件循环。它会在执行每一轮循环之前先判断其条件框中的条件是否成立，如果条件不成立，则执行内部的积木块；如果条件成立，则跳过内部的积木块，继续运行后续的脚本。

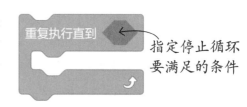

指定停止循环要满足的条件

在如右图所示的程序中，想要让小球在圆形中间不停转动，直到按下键盘中的任意键才停止。先添加"重复执行直到（）"积木块，然后在积木块的条件框中嵌入"按下（任意）键？"积木块，作为停止循环的条件；接着在"重复执行直到（）"积木块的内部添加"右转（15）度"和"移动（25）步"积木块，如下图所示。

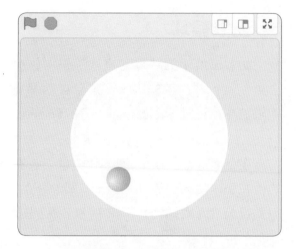

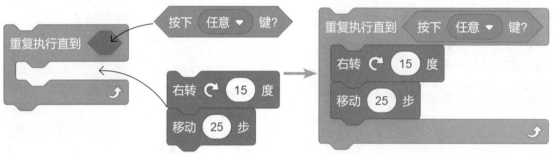

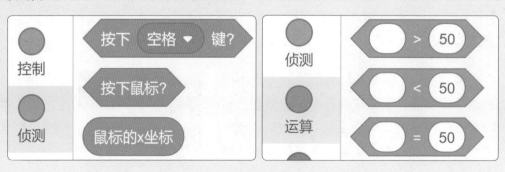

技巧提示｜布尔积木块

在 Scratch 中，如需设置运行条件，就要用到六边形的布尔积木块，这种积木块的值代表着逻辑判断的结果，只有"真（true）"和"假（false）"两种。布尔积木块位于"侦测"模块（见下左图）和"运算"模块（见下右图）中，在后面的章节会详细讲解这些积木块的用法。

条件语句

如果需要根据指定的条件控制程序运行的走向，就要使用条件语句。常用的条件语句分为单向条件语句和双向条件语句两种，在 Scratch 中分别对应"如果……那么……"积木块和"如果……那么……否则……"积木块。

单向条件语句

单向条件语句只对条件满足时如何运行程序进行控制，对条件不满足的情况则没有进行控制。如右图所示的"如果……那么……"积木块会先判断条件的真假，在条件为真时执行内部的积木块，在条件为假时则直接跳过内部的积木块。

在如下左图所示的示例脚本中，当条件为真时，先执行积木块 1、积木块 2、积木块 3，再执行积木块 4；当条件为假时，则跳过积木块 1、积木块 2、积木块 3，直接执行积木块 4。其流程图如下右图所示。

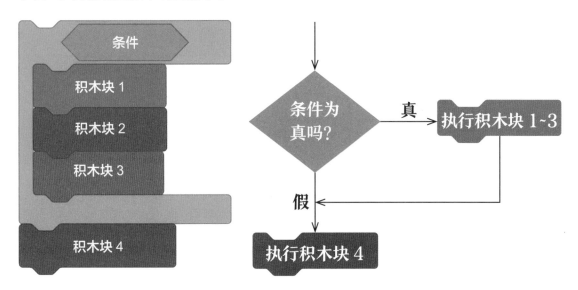

双向条件语句

双向条件语句对条件满足和不满足时如何运行程序均进行了控制。如右图所示的"如果……那么……否则……"积木块会先判断条件的真假，在条件为真时执行"那么"下方的积木块，跳过"否则"下方的积木块；在条件为假时跳过"那么"下方的积木块，执行"否则"下方的积木块。

在如下左图所示的示例脚本中，当条件为真时，先执行积木块 1、积木块 2，再执行积木块 5，而不会执行积木块 3 和积木块 4；当条件为假时，先执行积木块 3、积木块 4，再执行积木块 5，而不会执行积木块 1 和积木块 2。其流程图如下右图所示。

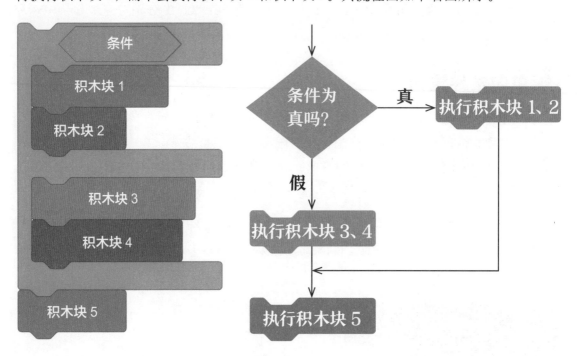

 试一试：判断奇偶数

能被 2 整除的整数称为偶数，不能被 2 整除的整数称为奇数。下面利用条件语句编写一个小程序，判断输入的数是奇数还是偶数。编程的主要思路是先计算输入的数除以 2 的余数，然后判断计算出的余数是否为 0。如果余数为 0，则这个数是偶数，否则这个数是奇数。

素材文件 〉 无

程序文件 〉 实例文件 \ 05 \ 源文件 \ 判断奇偶数.sb3

01 创建新作品，添加背景素材库中的 "Blue Sky" 背景。删除默认的 "角色 1" 角色，然后添加角色素材库中的 "Devin" 角色，并设置角色的坐标位置。

① 设置角色的坐标 x 为 –115、y 为 –77

② 在舞台中显示设置角色的效果

02 选中"Devin"角色，为其编写脚本。当单击▶按钮时，让角色提示用户输入一个正整数，并显示一个输入框，等待用户输入。

① 添加"事件"模块下的"当▶被点击"积木块

② 添加"侦测"模块下的"询问（）并等待"积木块

③ 将"询问（）并等待"积木块框中的文字更改为"请输入一个正整数："

03 根据编程的思路，如果输入的数除以2的余数为0，则这个数为偶数，反之为奇数。这里需要在"余数是否为0"这个条件为真和为假时分别给出判断结果，因此要用到双向条件语句。添加"如果……那么……否则……"积木块，并在其条件框中利用"运算"模块和"侦测"模块下的积木块构造计算余数的算式，作为判断条件。

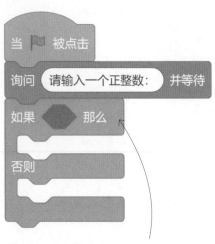

① 添加"控制"模块下的"如果……那么……否则……"积木块

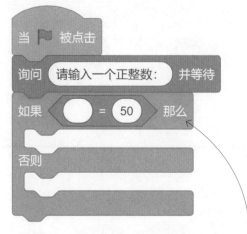

② 将"运算"模块下的"（）=（）"积木块拖到"如果……那么……否则……"积木块的条件框中

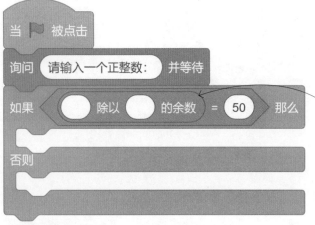

③ 将"运算"模块下的"（）除以（）的余数"积木块拖到"（）=（）"积木块的第 1 个框中

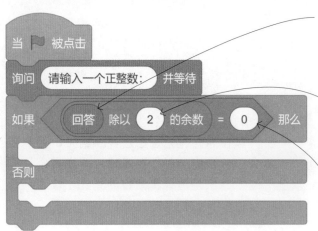

④ 将"侦测"模块下的"回答"积木块拖到"（）除以（）的余数"积木块的第 1 个框中

⑤ 在"（）除以（）的余数"积木块的第 2 个框中输入数值 2

⑥ 将"（）=（）"积木块第 2 个框中的数值更改为 0

04 根据输入的数除以 2 的余数是否为 0，让角色分别说出不同的判断结果。

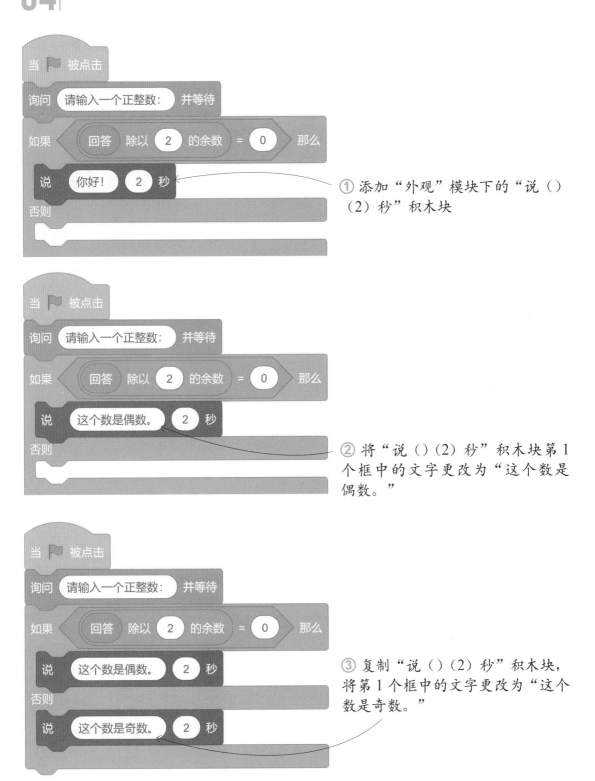

① 添加"外观"模块下的"说（ ）（2）秒"积木块

② 将"说（ ）（2）秒"积木块第 1 个框中的文字更改为"这个数是偶数。"

③ 复制"说（ ）（2）秒"积木块，将第 1 个框中的文字更改为"这个数是奇数。"

克隆

在我们生活的这个高科技时代，克隆已不是一个新鲜的概念，如科幻电影中常会出现的克隆恐龙、克隆人等。而 Scratch 提供的克隆功能是指将某个角色在舞台上复制一次。如果在程序中创建了某个角色（称为本体）的克隆体，那么这个克隆体会完全继承本体的造型、声音、属性和脚本，并且本体和克隆体各自运行、互不影响。

克隆角色

在 Scratch 中，使用"控制"模块下的"克隆（）"积木块来克隆角色。单击积木块中的下拉按钮，在展开的列表中可以选择要克隆的角色。如果作品中只有一个角色，则列表中只有"自己"一个选项，如下左图所示；如果作品中有多个角色，则列表中除了有"自己"选项，还会显示其他角色的名称，如下右图所示。

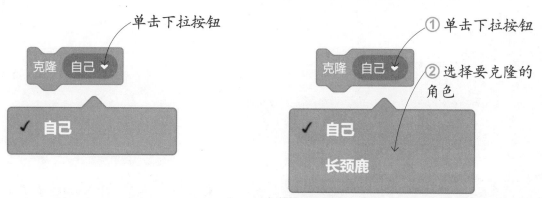

克隆体会出现在本体的当前位置，如果不修改克隆体或本体的位置，那么两者是完全重合的，也就看不到克隆的效果。如下左图所示，应用"克隆（自己）"积木块克隆了一匹斑马，但是在舞台上看不到克隆出的斑马，用鼠标拖动角色才能看到克隆出的斑马，如下右图所示。

启动克隆体

如右图所示的"当作为克隆体启动时"积木块用于告知克隆体它们被创建后应该做什么。创建克隆体后，就会触发"当作为克隆体启动时"积木块下方的脚本。

> 当作为克隆体启动时

在前面的示例中克隆了一匹斑马，如果想要让克隆出的斑马在被创建后立即向右走 100 步，并且每走 10 步切换一次造型，就可以添加"当作为克隆体启动时"积木块，然后在积木块下方添加如下左图所示的脚本，现在运行"克隆（自己）"积木块，就会自动触发"当作为克隆体启动时"积木块下方的脚本，得到如下右图所示的运行效果。

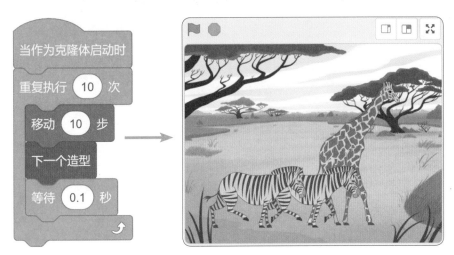

删除克隆体

在一个克隆体执行完与之有关的脚本后，如果不再需要使用这个克隆体，可使用如右图所示的"删除此克隆体"积木块将它删除。该积木块只有在"当作为克隆体启动时"积木块下方使用时才有效。

> 删除此克隆体

在前面的示例中克隆了一匹斑马，并且让克隆出的斑马向右走了 100 步，如果想要让克隆出的斑马向右走了 100 步后就从舞台上消失，可以在脚本最后添加一个"删除此克隆体"积木块，如下左图所示，此时再次运行"克隆（自己）"积木块，会先看到克隆出的斑马向右移动，效果如下中图所示，当它移动了 100 步后就会从舞台上消失，效果如下右图所示。

 试一试：下雪了

下面利用克隆功能制作一个下雪场景的小动画。先添加一个雪花角色，再应用"克隆（自己）"的方式，每隔 0.2 秒克隆一次雪花角色，将克隆体设为随机大小并移到舞台顶端，然后慢慢向下移动，制造出雪花纷飞的效果。

素材文件 实例文件\05\素材\雪屋.svg

程序文件 实例文件\05\源文件\下雪了.sb3

01 创建新作品，上传自定义的"雪屋"背景。删除默认的"角色1"角色，然后添加角色素材库中的"Snowflake"角色，作为雪花的本体。

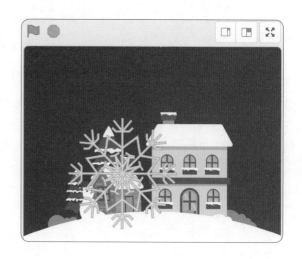

02 在"造型"选项卡下应用"选择"工具选中雪花图形，更改图形的填充颜色、轮廓颜色、轮廓粗细。

① 设置填充颜色为白色

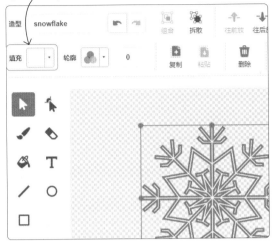

② 设置轮廓颜色为白色，轮廓粗细为 8

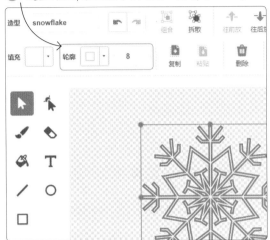

03 选中"Snowflake"角色，为其编写脚本。当单击 🏳 按钮时，将角色本体隐藏起来。

① 添加"事件"模块下的"当🏳被点击"积木块

② 添加"外观"模块下的"隐藏"积木块

04 构造一个无限循环，通过重复克隆操作复制出多个雪花角色。

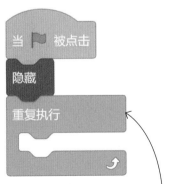

① 添加"控制"模块下的"重复执行"积木块

② 添加"控制"模块下的"等待（0.2）秒"积木块

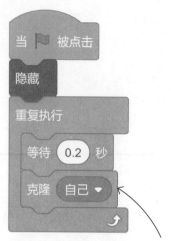

③ 添加"控制"模块下的"克隆（自己）"积木块

05 创建克隆体后，接下来就为克隆体编写脚本。当克隆体被创建后，先要显示克隆体，此外因为雪花会有大小的区别，所以还要随机更改克隆体的大小。

① 添加"控制"模块下的"当作为克隆体启动时"积木块

② 添加"外观"模块下的"显示"积木块

③ 添加"外观"模块下的"将大小设为（）"积木块

④ 将"运算"模块下的"在（）和（）之间取随机数"积木块拖到"将大小设为（）"积木块的框中，再将框中的数值分别更改为3和8

06 下雪时，雪花是漫天飘落、没有规律的，因此，要将雪花角色的克隆体移动到舞台顶端的随机位置。这里利用"移到 x:（）y:（）"积木块来移动克隆体，将 x 坐标设为舞台宽度范围 –240～240 之间的随机数，y 坐标设为代表舞台顶端的固定值 170。

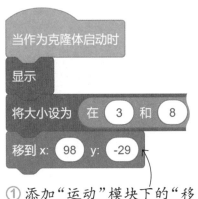

① 添加"运动"模块下的"移到 x:( ) y:( )"积木块

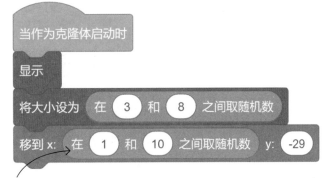

② 将"运算"模块下的"在( )和( )之间取随机数"积木块拖到"移到 x:( ) y:( )"积木块的第 1 个框中

③ 将"在( )和( )之间取随机数"积木块框中的数值分别更改为 -240 和 240

④ 将"移到 x:( ) y:( )"积木块第 2 个框中的数值更改为 170

07 将雪花角色的克隆体移到舞台顶端后,接下来要让它慢慢向下移动,实现雪花飘落的效果。先将克隆体移动的方向指定为向下移动。

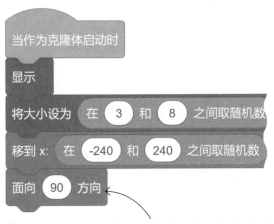

① 添加"外观"模块下的"面向( )方向"积木块

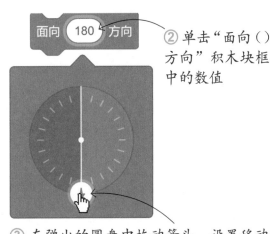

② 单击"面向( )方向"积木块框中的数值

③ 在弹出的圆盘中拖动箭头,设置移动方向为 180

08 构造一个无限循环，重复执行移动操作，通过更改移动的步数来调节雪花的下落速度。

① 添加"控制"模块下的"重复执行"积木块

② 添加"运动"模块下的"移动（）步"积木块

③ 将"移动（）步"积木块框中的数值更改为1

09 当雪花下落到舞台底部时，需要让它消失。添加"如果……那么……"积木块并设置判断条件，如果克隆体碰到舞台边缘，就删除克隆体。

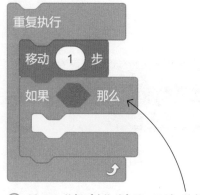
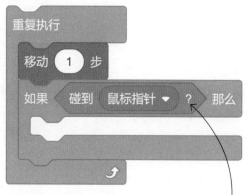

① 添加"控制"模块下的"如果……那么……"积木块

② 将"侦测"模块下的"碰到（）？"积木块拖到"如果……那么……"积木块的条件框中

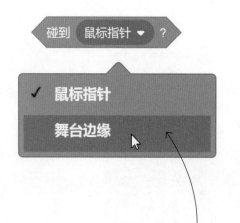
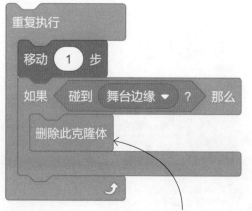

③ 单击下拉按钮，在展开的列表中选择"舞台边缘"选项

④ 添加"控制"模块下的"删除此克隆体"积木块

10 将步骤 09 中完成的脚本拼接在步骤 07 中完成的脚本下方，脚本就编写完成了。
单击 🚩 按钮，开始欣赏雪花飞舞的美景吧。

① 拖动拼接脚本

② 单击 🚩 按钮

停止脚本运行

当脚本运行到某个阶段时，如果已经
达到我们想要的效果，就可以使用"停止
（　）"积木块停止脚本的运行。单击积木
块中的下拉按钮，在展开的列表中可看到
"全部脚本""这个脚本""该角色的其他
脚本"3 个选项，如右图所示。下面分别
介绍这些选项的含义。

单击下拉
按钮

💡 停止"全部脚本"

"停止（　）"积木块中默认选择的是"全部脚本"选项。这个选项表示停止作品中
所有角色、舞台背景的全部正在运行的脚本，效果等同于单击 🔴 按钮。

在如下左图所示的作品中，为蝴蝶角色添加了两段由 ▶ 按钮触发的脚本，当单击 ▶ 按钮时，这两段脚本都会开始运行，在脚本区可以看到正在运行的脚本用黄色边框突出显示，如下右图所示。其中，左边的脚本中有一个条件循环，用于让蝴蝶在舞台上不断地左右来回移动，直到按下空格键为止；而右边的脚本中有一个无限循环，用于让蝴蝶不断地切换造型。

单击 ▶ 按钮，两段脚本同时运行

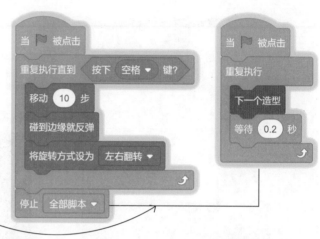

当我们按下空格键时，左边脚本中的条件循环就终止了，接着执行下方的"停止（全部脚本）"积木块，此时这两段脚本都会停止运行，如右图所示。舞台中的蝴蝶不仅会停止移动，而且会停止切换造型。

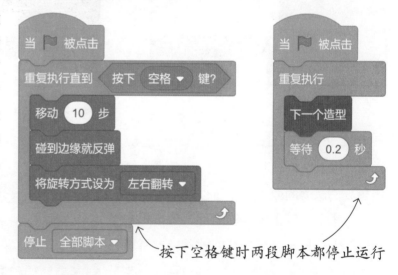

按下空格键时两段脚本都停止运行

💡 停止"这个脚本"

停止"这个脚本"表示只停止运行此积木块所在的脚本，当前角色的其他脚本、其他角色的脚本、舞台背景的脚本仍然会正常运行。

在前面的示例中，如果将"停止（）"积木块中的选项更改为"这个脚本"，当按下空格键时，就只会停止左边的脚本，而右边的脚本会继续运行，如下图所示。舞台中的蝴蝶会停止移动，但是会继续切换造型。

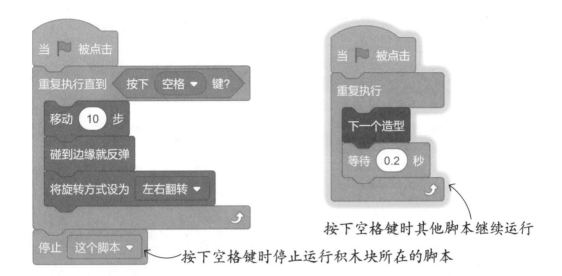

按下空格键时其他脚本继续运行

按下空格键时停止运行积木块所在的脚本

💡 停止"该角色的其他脚本"

停止"该角色的其他脚本"表示停止运行当前角色的其他脚本，当前角色的当前脚本的剩余脚本、其他角色的脚本、舞台背景的脚本仍然会正常运行。

在如下图所示的脚本中，为"停止（）"积木块选择了"该角色的其他脚本"选项，当按下空格键时，位于"停止（）"积木块下方的脚本会继续运行，当前角色的其他脚本则会停止运行。舞台上的蝴蝶会停止移动和切换造型，并开始不断变换颜色。

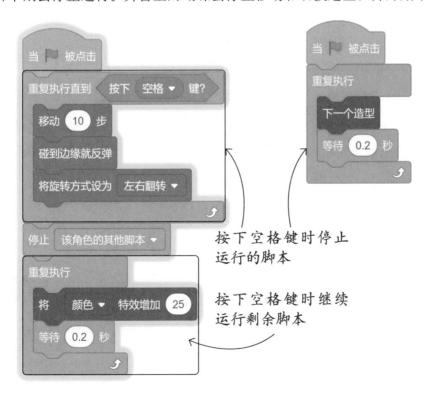

按下空格键时停止运行的脚本

按下空格键时继续运行剩余脚本

06

程序中的侦测

我们的眼睛、鼻子、耳朵等感官会向大脑"报告"周围的情况，以便大脑针对不同的情况做出正确的反应。Scratch 中的侦测类积木块与人体的感官类似，它可以侦测某些条件是否成立、某些事件是否发生、某些数据的大小如何，从而帮助角色做出相应的反应，例如，一个角色在触碰到另一个角色时就做动作或说话等。

物体触碰侦测

"侦测"模块下的"碰到（）？"积木块可以侦测当前角色是否触碰到鼠标指针或舞台边缘。单击"碰到（）？"积木块的下拉按钮，在展开的列表中选择侦测的目标对象，如右图所示。如果角色触碰到了目标对象，该积木块的返回结果为真（true），否则返回结果为假（false）。

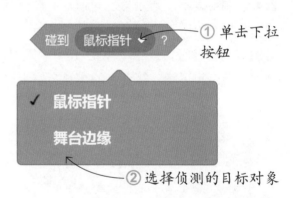

下面用一个简单的示例来展示"碰到（）？"积木块的应用效果。在作品中添加一个老鼠角色，将它放在舞台中间，添加"碰到（）？"积木块，选择触碰对象为舞台边缘，单击积木块，可以看到返回结果为假（false），如下左图所示。将老鼠拖动到舞台边缘，再单击积木块，可以看到返回结果为真（true），如下右图所示。

如果当前作品中有不止一个角色，则"碰到（）？"积木块还可以用于侦测当前角色是否触碰到其他角色。例如，继续在前面的示例作品中添加一个名为"小猫"的角色，如下左图所示，然后选中老鼠角色，在"代码"选项卡下单击"碰到（）？"积木块的下拉按钮，在展开的列表中就会显示"小猫"角色的选项，如下右图所示，根据需求选择要侦测的角色名即可。

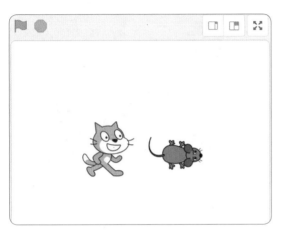

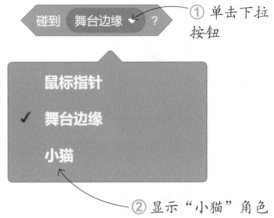

① 单击下拉按钮

② 显示"小猫"角色

颜色触碰侦测

用于颜色触碰侦测的积木块有两个，分别是"碰到颜色（）？"和"颜色（）碰到（）？"。这两个积木块侦测的对象是特定的颜色，而不是像鼠标指针或其他角色那样的物体。

角色与颜色的触碰

"碰到颜色（）？"积木块如右图所示，用于侦测当前角色是否触碰到某个特定的颜色，如果碰到，则返回结果为真（true），否则返回结果为假（false）。

要侦测的颜色可以是舞台背景上的颜色，也可以是其他角色上的颜色。单击"碰到颜色（）？"积木块中的颜色块，在展开的面板中可以通过拖动"颜色""饱和度""亮度"滑块来设置颜色。"颜色"滑块用于选择颜色的色相，简单来说就是颜色的相貌，如我们常说的红、黄、蓝、橙、绿、紫等；"饱和度"滑块用于控制颜色的鲜艳程度，饱和度越大，颜色越鲜艳，反之则越素淡；"亮度"滑块用于控制颜色的明暗，亮度越大，颜色越亮，反之则越暗。

也可以利用面板底部的"吸管"工具来设置颜色。单击"吸管"工具，然后在舞台背景或角色的适当位置上单击，即可将单击处的颜色"吸取"到积木块中，设置为侦测的对象，如下图所示。

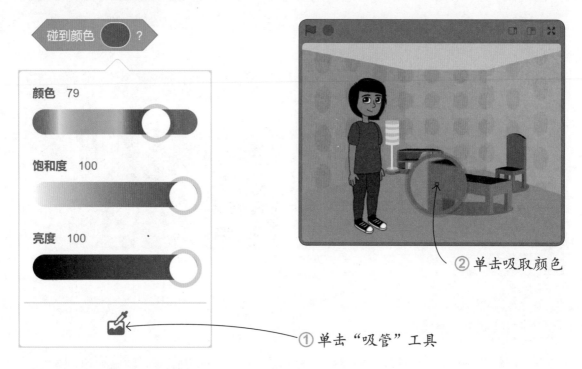

② 单击吸取颜色

① 单击"吸管"工具

颜色与颜色的触碰

"颜色（）碰到（）？"积木块如右图所示，用于侦
测前一种颜色是否碰到后一种颜色，如果碰到，则返回
结果为真（true），否则返回结果为假（false）。设置颜色的方法和"碰到颜色（）？"积木块相同。通常将前一种颜色设置为当前角色上的颜色，将后一种颜色设置为舞台背景或其他角色上的颜色。

"碰到颜色（）？"与"颜色（）碰到（）？"两个积木块的功能看起来非常相似，实际上还是有较大区别的："碰到颜色（）？"积木块侦测的是当前角色的任意部位是否触碰到指定颜色，而"颜色（）碰到（）？"积木块侦测的是前一个指定颜色是否触碰到后一个指定颜色。

将人物移至桌子旁，然后分别运行"碰到颜色（）？"积木块和"颜色（）碰到（）？"积木块，前者返回结果为真（true），后者返回结果为假（false），如下图所示。

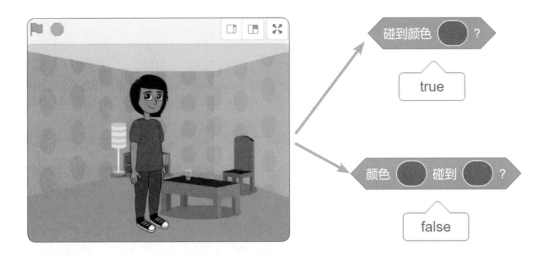

 试一试：接球游戏

下面利用侦测类积木块制作一个有趣的接球游戏，游戏的玩法是用鼠标控制接球板去接住小球。小球在碰到舞台边缘和接球板时会反弹，当小球碰到舞台底部的红线时，游戏就结束了。

素材文件 无

程序文件 实例文件\06\源文件\接球游戏.sb3

01 创建新作品，添加背景素材库中的"Wall 1"背景。删除默认的"角色 1"角色，然后添加角色素材库中的"Ball"和"Paddle"角色，并分别重命名为"球"和"接球板"。

球　　接球板

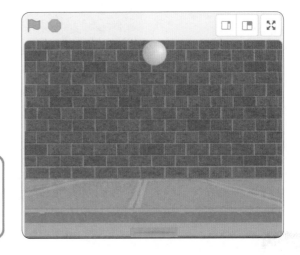

02 以"绘制"的方式创建一个新角色，用"矩形"工具在绘图区绘制一个细长的红色矩形，将该角色命名为"红线"，再将角色移到舞台底部。

② 设置填充颜色（颜色 0、饱和度 100、亮度 100）

③ 绘制图形

① 单击"矩形"工具

④ 输入角色名"红线"，坐标 x 为 0、y 为 –180

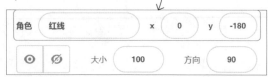

03 选中"球"角色，为其编写脚本。当单击 ▶ 按钮时，将"球"角色移到舞台顶部中间的位置。

① 添加"事件"模块下的"当 ▶ 被点击"积木块

② 添加"运动"模块下的"移到 x：（0）y：（158）"积木块

04 构造一个无限循环，让小球在舞台中不停地运动，并且在碰到舞台边缘时自动反弹。

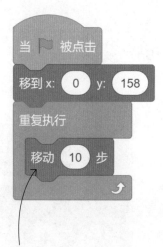

① 添加"控制"模块下的"重复执行"积木块

② 添加"运动"模块下的"移动（10）步"积木块

③ 添加"运动"模块下的"碰到边缘就反弹"积木块

05 当移动的小球碰到接球板后，也要进行反弹。先来编写侦测小球是否碰到接球板的脚本。

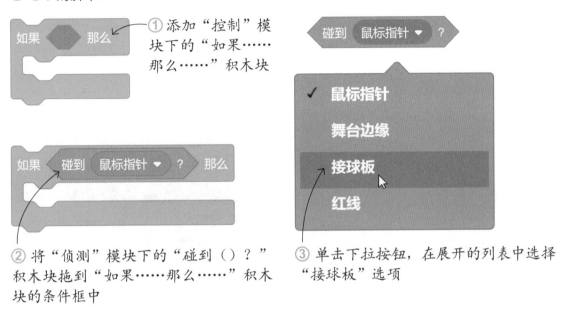

① 添加"控制"模块下的"如果……那么……"积木块

② 将"侦测"模块下的"碰到（）？"积木块拖到"如果……那么……"积木块的条件框中

③ 单击下拉按钮，在展开的列表中选择"接球板"选项

06 如果侦测到小球碰到了接球板，为小球在 –90°～ 90° 范围内随机选择一个移动方向，然后移动 10 步，制造出小球反弹的效果。

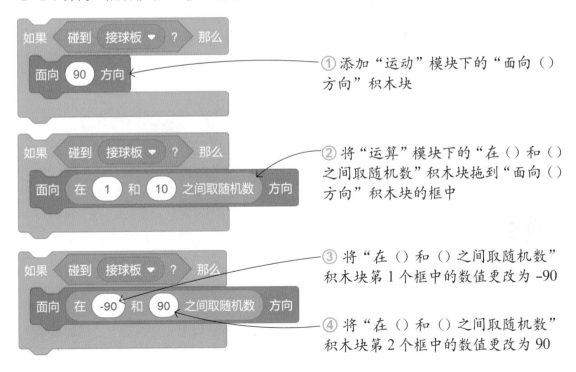

① 添加"运动"模块下的"面向（）方向"积木块

② 将"运算"模块下的"在（）和（）之间取随机数"积木块拖到"面向（）方向"积木块的框中

③ 将"在（）和（）之间取随机数"积木块第 1 个框中的数值更改为 -90

④ 将"在（）和（）之间取随机数"积木块第 2 个框中的数值更改为 90

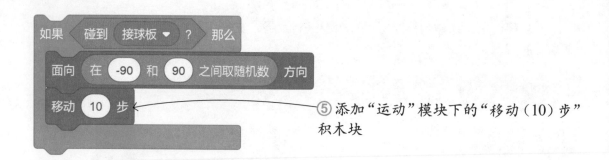

⑤添加"运动"模块下的"移动（10）步"
积木块

07 当小球没有被接住，碰到舞台底部的红线时，通过停止所有脚本来结束游戏。这
里在侦测小球是否碰到红线时采用的侦测方式是颜色侦测。

① 添加"控制"模块下的"如果……那
么……"积木块

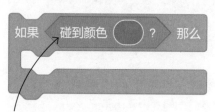

② 将"侦测"模块下的"碰到颜色（）？"
积木块拖到"如果……那么……"积木
块的条件框中

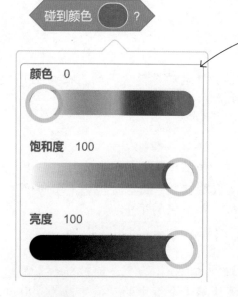

③ 单击颜色块，设置与红线的填充颜色
相同的颜色（颜色0、饱和度100、亮
度100）

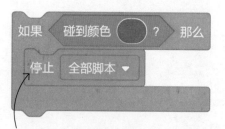

④ 添加"控制"模块下的"停止（全部
脚本）"积木块

技巧提示 | 颜色侦测的限制条件

只有为角色编写脚本时才可使用颜色侦测的积木块，为舞台背景编写脚本时则无法使用。

08 将步骤 06 和 07 编写的脚本依次嵌入"重复执行"积木块中，完成"球"角色的脚本编写。

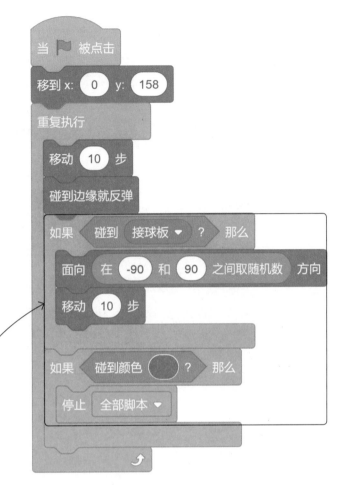

拖动积木组将其组合在一起

09 选中"接球板"角色，为其编写脚本。游戏中要让接球板跟随鼠标指针左右移动，脚本的编写思路为：构造一个无限循环，不断地捕捉鼠标指针的 x 坐标值，再将接球板的 x 坐标设置为这个值。

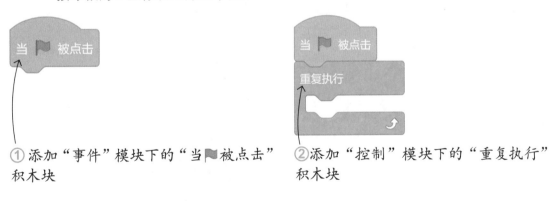

① 添加"事件"模块下的"当▐被点击"积木块

② 添加"控制"模块下的"重复执行"积木块

③ 添加"运动"模块下的"将x坐标设为（）"积木块

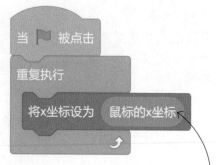

④ 将"侦测"模块下的"鼠标的x坐标"积木块拖到"将x坐标设为（）"积木块的框中

键盘/鼠标侦测

除了在程序内部进行侦测外，还可以对键盘和鼠标等外围设备进行侦测，相关积木块有"按下（）键？"和"按下鼠标？"。

侦测键盘按键

"按下（）键？"积木块可以侦测键盘中的指定按键是否被按下，如果按下，积木块的返回结果为真（true），否则返回结果为假（false）。

如右图所示，单击"按下（）键？"积木块中的下拉按钮，在展开的列表中可以选择需要侦测的按键。可侦测的按键包括空格键、4个方向键（↑、↓、→、←）、10个数字键（0~9）、26个字母键（a~z，不区分大小写）、任意键。

"按下（）键？"积木块常常与条件语句结合使用，实现用键盘操控舞台上的角色。

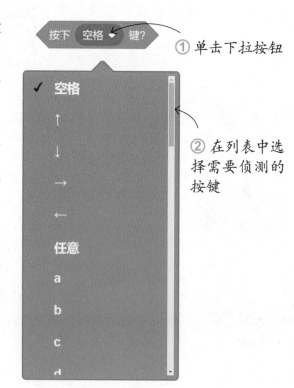

① 单击下拉按钮

② 在列表中选择需要侦测的按键

在如下左图所示的作品中，想要让小螃蟹在我们按下→键时向右移动，按下←键时向左移动，就可以为小螃蟹编写如下右图所示的脚本，将"按下（）键？"积木块作为"如果……那么……"积木块的判断条件，并指定要侦测的按键。

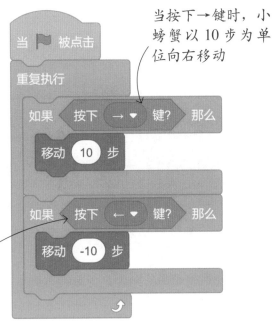

当按下→键时，小螃蟹以 10 步为单位向右移动

当按下←键时，小螃蟹以 10 步为单位向左移动

 ## 侦测鼠标按键

如右图所示的"按下鼠标？"积木块可以侦测鼠标的按键是否被按下，如果按下，返回结果为真（true），否则返回结果为假（false）。需要注意的是，侦测时不会区分被按下的是左键、中键还是右键。

按下鼠标？

试一试：移动的餐车

下面利用侦测鼠标按键的积木块制作一个移动的餐车动画。当单击 ▶ 按钮时，餐车开始在舞台中来回移动，在餐车移动的过程中，如果我们按下鼠标，餐车就会广播"美味健康，欢迎品尝！"。

素材文件 ▶ 无

程序文件 ▶ 实例文件 \ 06 \ 源文件 \ 移动的餐车.sb3

01 创建新作品，添加背景素材库中的 "Colorful City" 背景。删除默认的 "角色1" 角色，然后添加角色素材库中的 "Food Truck" 角色，将角色重命名为 "餐车"。

02 单击 "造型" 标签，展开 "造型" 选项卡，单击 "水平翻转" 按钮，对 "Food Truck-a" 造型进行水平翻转。

① 单击 "造型" 标签

② 单击 "水平翻转" 按钮

③ 水平翻转造型

03 选中 "餐车" 角色，为其编写脚本。当单击 ▶ 按钮时，餐车开始在舞台上移动，当碰到舞台边缘时会自动掉头。

① 添加 "事件" 模块下的 "当 ▶ 被点击" 积木块

③添加 "运动" 模块下的 "移动（2）步" 积木块

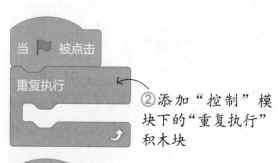

②添加 "控制" 模块下的 "重复执行" 积木块

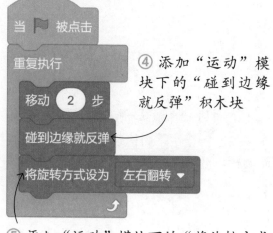

④ 添加 "运动" 模块下的 "碰到边缘就反弹" 积木块

⑤ 添加 "运动" 模块下的 "将旋转方式设为（左右翻转）" 积木块

04 在这个作品中，我们需要在按下鼠标时让角色说话，因此添加"如果……那么……"积木块，设置判断条件为"按下鼠标？"。

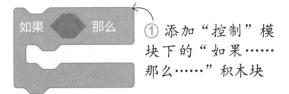

① 添加"控制"模块下的"如果……那么……"积木块

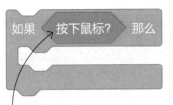

② 将"侦测"模块下的"按下鼠标？"积木块拖到"如果……那么……"积木块的条件框中

③ 添加"外观"模块下的"说（）（2）秒"积木块，将第 1 个框中的文字更改为"美味健康，欢迎品尝！"

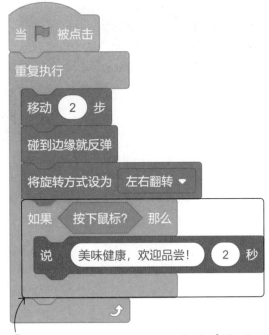

④ 将"如果……那么……"积木组嵌入"重复执行"积木块中间

数据侦测

如果有些数据需要在程序运行过程中由用户从键盘输入，就要使用"侦测"模块下的数据侦测类积木块"询问（）并等待"和"回答"。前者用于获取用户输入的数据，后者则用于存储用户输入的数据，它们通常是配对使用的。

数据的输入

如右图所示的"询问（）并等待"积木块的作用是向用户提出某个问题，并等待用户通过键盘输入自己的回答。积木块框中的询问内容可以根据需求更改。

输入询问的内容

运行"询问（）并等待"积木块时，当前角色会以会话气泡的形式"说"出问题，同时舞台上会显示一个输入框，等待用户的输入，如下左图所示。用户完成输入后，按 Enter 键或单击输入框右侧的 ✔ 图标来进行确认。需要注意的是，如果发出询问的角色是隐藏状态，则呈现出来的效果如下右图所示。

 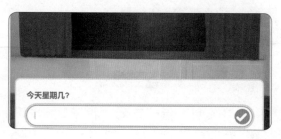

🔆 获取输入的数据

"回答"积木块中存储了最近一次利用"询问（）并等待"积木块输入的数据，这个数据会被所有角色共享。

例如，假设前面在询问"今天星期几？"时输入了"星期三"，此时单击"回答"积木块，就可以看到其中存储的内容，如右图所示。

 试一试：你问我答

接下来利用数据侦测类积木块制作一个小游戏"你问我答"。游戏的舞台上会显示一首古诗和一个人物，当我们用鼠标单击人物时，人物会询问古诗的作者是谁，并让我们输入答案，然后判断我们输入的答案是否正确。

素材文件　实例文件 \ 06 \ 素材 \ 古诗.jpg

程序文件　实例文件 \ 06 \ 源文件 \ 你问我答.sb3

01 创建新作品，上传自定义的"古诗"背景。删除默认的"角色 1"角色，然后添加角色素材库中的"Avery"角色，将添加的角色移到舞台左下角位置。

02 选中"Avery"角色，为其编写脚本。当单击▶按钮时，让角色说出"你知道这首诗的作者吗？"。

① 添加"事件"模块下的"当▶被点击"积木块

② 添加"外观"模块下的"说（）（2）秒"积木块，将第1个框中的文字更改为"你知道这首诗的作者吗？"

03 当用户用鼠标单击角色时，提示用户输入古诗的作者。

① 添加"事件"模块下的"当角色被点击"积木块

② 添加"侦测"模块下的"询问（）并等待"积木块

③ 将"询问（）并等待"积木块框中的文字更改为"请输入作者名："

04 根据"回答"积木块中存储的内容是否为"杜甫"来判断回答是否正确。

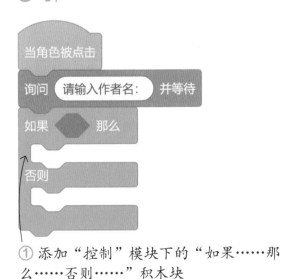

① 添加"控制"模块下的"如果……那么……否则……"积木块

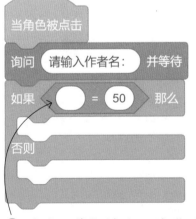

② 将"运算"模块下的"（）=（）"积木块拖到"如果……那么……否则……"积木块的条件框中

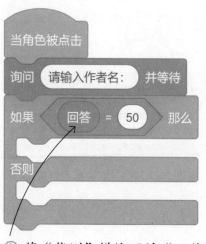

③ 将"侦测"模块下的"回答"积木块拖到"（）＝（）"积木块的第 1 个框中

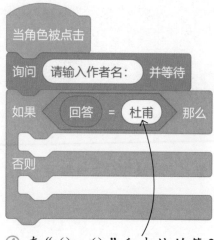

④ 在"（）＝（）"积木块的第 2 个框中输入这首古诗的作者"杜甫"

05 根据回答是正确还是错误分别显示相应的提示文字。

① 添加"外观"模块下的"说（）（2）秒"积木块，将积木块第 1 个框中的文字更改为"回答正确，真聪明！"

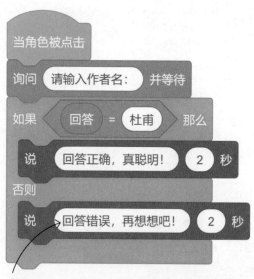

② 添加"外观"模块下的"说（）（2）秒"积木块，将积木块第 1 个框中的文字更改为"回答错误，再想想吧！"

时间侦测

　　时间侦测类积木块主要用于侦测与日期和时间相关的数据，如当前时间是几点几分、游戏已经玩了多久等。

获取当前日期和时间的数据

"当前时间的（）"积木块可以获取当前的日期和时间数据。单击积木块中的下拉按钮，在展开的列表中选择要获取的数据，包括年、月、日、星期、时、分、秒，如下左图所示。例如，想要获取当前的月份，就选择"月"选项；想要获取当前是星期几，就选择"星期"选项。

勾选"当前时间的（）"积木块前方的复选框，会在舞台上显示对应的日期或时间数据。例如，想要在舞台上显示现在是几点，就先在积木块中选择"时"，然后勾选积木块前的复选框，随后在舞台左上角就会显示当前时间是几点，如下右图所示。

 试一试：模拟时钟

下面利用"当前时间的（）"积木块编写一个模拟指针式时钟的动画。在程序中利用"当前时间的（）"积木块获取当前的时、分、秒数据，再通过计算，得到时针、分针和秒针指向的方向。

素材文件 实例文件\06\素材\时钟.svg

程序文件 实例文件\06\源文件\模拟时钟.sb3

01 创建新作品，上传自定义的"时钟"背景。删除默认的"角色 1"角色，然后以"绘制"的方式创建 3 个角色，分别命名为"秒针""分针""时针"，再用"矩形"工具绘制出这些指针角色的造型。因为角色是围绕其造型的中心点旋转的，所以在绘制指针角色的造型时要注意中心点的位置。

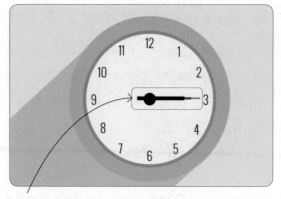

应用"矩形"工具绘制指针角色

02 选中"秒针"角色，为其编写脚本。当单击 ▶ 按钮时，秒针会开始不停地转动，因此需要先构造一个无限循环。

① 添加"事件"模块下的"当▶被点击"积木块

② 添加"控制"模块下的"重复执行"积木块

03 接着要确定秒针指向的方向。秒针转动一圈需要 60 秒，转过的角度是 360°，可算出每秒转动 6°，因此，"当前时间的（秒）"×6 即为秒针指向的方向。

① 添加"运动"模块下的"面向（）方向"积木块

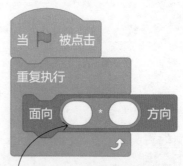

② 将"运算"模块下的"（）＊（）"积木块拖到"面向（）方向"积木块的框中

③ 将"侦测"模块下的"当前时间的（）"积木块拖到"（）*（）"积木块的第1个框中

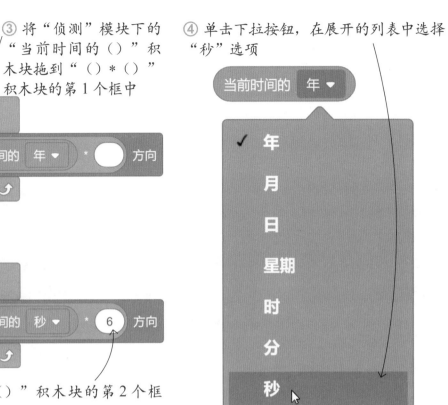

④ 单击下拉按钮，在展开的列表中选择"秒"选项

⑤ 在"（）*（）"积木块的第2个框中输入数值6

04 继续使用相同的思路为"分针"和"时针"角色编写脚本。先获取当前时间的分和时，然后通过计算得到分针和时针指向的方向。

计算分针指向的方向："当前时间的（分）"×6

计算时针指向的方向："当前时间的（时）"×30为时针整点时的指向，再加上"当前时间的（分）"×0.5为时针每分钟的指向

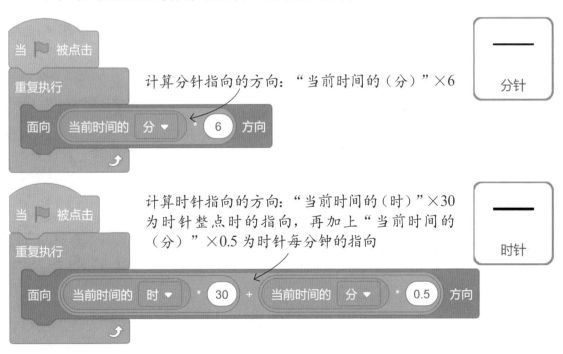

进行计时

在游戏中经常会通过计时来增加紧张感，以调动玩家的积极性。Scratch 也提供了用于计时的积木块"计时器"和"计时器归零"。

（1）计时器

"计时器"积木块就像一个秒表，它会在一个作品刚载入时从 0 开始以"秒"为单位记录流逝的时间。勾选"计时器"积木块前方的复选框，在舞台左上角就会显示计时器的数值，如右图所示，该数值会不断增加，说明计时器是实时更新的。

（2）计时器归零

如右图所示的"计时器归零"积木块能让计时器重新从 0 开始计时。此外，单击▶按钮也可以让计时器重新从 0 开始计时。

视频侦测

视频侦测是体感编程的基础，它的原理是截取摄像头拍摄到的当前画面并与之前的画面进行对比，通过侦测图像是否有变化来判断画面中的物体是否在运动。Scratch 提供的扩展模块"视频侦测"包含"当视频运动 >（ ）""相对于（ ）的视频（ ）""（ ）摄像头""将视频透明度设为（ ）"4 个积木块。使用这些积木块之前，需要先在计算机上安装好摄像头。下面先简单介绍这些积木块的用法，在第 11 章再详细讲解视频侦测的实际应用。

根据视频运动的幅度触发脚本

如下图所示的"当视频运动 >（ ）"积木块可以侦测视频图像的运动幅度，当侦测到的运动幅度大于该积木块框中设置的数值时，就执行该积木块下方的脚本。在框中输入的数值越小，对运动幅度的侦测就越灵敏；反之，输入的数值越大，对运动幅度的侦测就越迟钝。

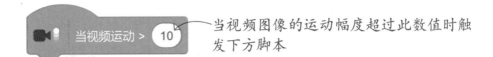

当视频图像的运动幅度超过此数值时触发下方脚本

例如，要通过在摄像头前移动物体来控制小猫，就可以为小猫编写如右图所示的脚本。这里要实现物体在摄像头前轻微移动一下就能被程序感应到，所以在"当视频运动 >（）"积木块中设置了较小的数值。编写好脚本后，舞台背景会变成摄像头拍摄的实时画面，大家可以试一试将手指放在摄像头前，轻轻"碰"一下舞台上的小猫，小猫就会跳起来。

侦测视频运动的幅度和方向

"相对于（）的视频（）"积木块用于侦测视频图像相对于角色或舞台的运动幅度或运动方向。该积木块的第 1 个下拉列表框中有"角色"和"舞台"两个选项，如下左图所示；第 2 个下拉列表框中有"运动"和"方向"两个选项，如下右图所示。

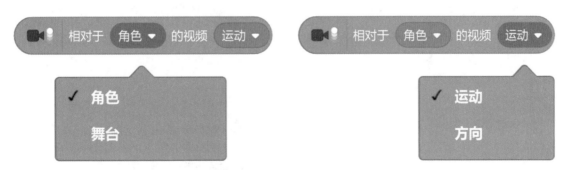

"相对于(角色)的视频(运动)"用于侦测视频图像相对于当前角色的运动幅度；"相对于（舞台）的视频（运动）"用于侦测视频图像相对于舞台的运动幅度；"相对于（角色）的视频（方向）"用于侦测视频图像相对于当前角色的运动方向；"相对于（舞台）的视频（方向）"用于侦测视频图像相对于舞台的运动方向。

该积木块所侦测到的数据常常和条件语句结合使用，从而实现当视频图像相对于角色或舞台的运动方向或运动幅度达到某种条件，就执行相应的操作。

开启 / 关闭摄像头

"（）摄像头"积木块可以控制摄像头的开启和关闭。单击积木块的下拉按钮，在展开的列表中有"关闭""开启""镜像开启"3 个选项，如右图所示。"开启"选项用于打开摄像头，在舞台上显示视频画面；"关闭"选项用于关闭摄像头，舞台上将不显示视频画面；"镜像开启"选项用于打开摄像头，在舞台上以左右翻转的方式显示视频画面。

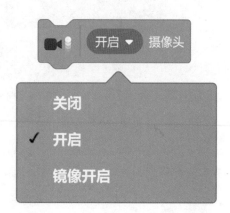

设置视频画面的透明度

如下图所示的"将视频透明度设为（）"积木块用于调整视频画面的透明度，可以设置的数值范围为 0~100。

输入数值控制视频画面的透明度

设置的透明度值越大，视频画面就越透明，颜色就越浅，如下左图所示；反之，设置的透明度值越小，视频画面就越不透明，颜色就越深，如下右图所示。

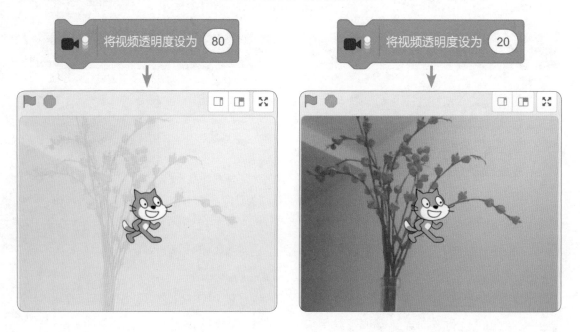

有趣的运算

任何编程都不可避免地要涉及数值运算、比较运算、逻辑运算等运算，Scratch 也不例外。应用"运算"模块下的积木块不仅能完成常规的四则运算，还能完成取余运算、四舍五入、数值大小比较、逻辑运算、字符串处理等运算。

数值运算

"运算"模块下的积木块可以完成或简单或复杂的数值运算，这里详细介绍其中比较常用的四则运算、取余运算、四舍五入。

四则运算

四则运算即加、减、乘、除，它们是数学中最简单、最基础的运算。在 Scratch 中，四则运算分别用"（）＋（）""（）－（）""（）＊（）""（）／（）"这 4 个积木块来完成，如下图所示。

这些积木块的使用也很简单，在运算符两边的框中分别输入数值（不能输入字母、汉字等非数值的字符），然后单击积木块，积木块就会返回运算结果，如下图所示。

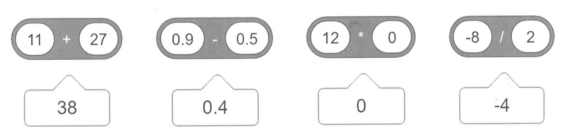

在数学中，当一级运算（加、减）和二级运算（乘、除）同时出现在一个算式中时，运算的顺序是先乘除后加减，如果有括号就先算括号内后算括号外，同一级运算的顺

序是从左到右。在 Scratch 中，四则运算积木块的嵌套也是按照这个规则进行的。

例如，要计算 $40 \div 5 + 3 \times 7$，首先需要添加"（）＋（）"积木块，然后在积木块的框中分别嵌入"（）／（）"积木块和"（）＊（）"积木块，最后根据算式在框中输入数值，如下图所示。

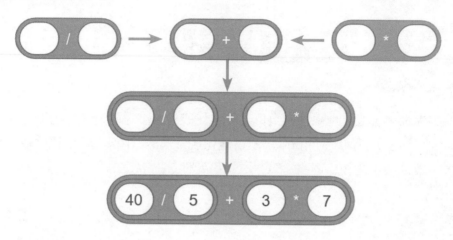

💡 取余运算

在整数除法中，被除数未被除数除尽的部分就是余数（大于 0、小于除数的整数）。在 Scratch 中，取余运算使用"（）除以（）的余数"来完成，只需要在积木块的两个框中分别输入被除数和除数，就能轻松得到两数相除的余数。

输入被除数  输入除数

例如，将 22 块糖果平均分给 4 个小朋友，求最后还剩下几块糖果，如下左图所示。这道题实际上就是要计算两个整数相除的余数。在"（）除以（）的余数"积木块的第 1 个框中输入数值 22，第 2 个框中输入数值 4，单击运行积木块，求出余数为 2，即剩下的糖果数量，如下右图所示。

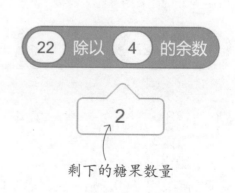

剩下的糖果数量

四舍五入

四舍五入是运算时取近似值的一种方法。在数学中进行四舍五入运算时还要指定保留的小数位数，而 Scratch 中的"四舍五入（）"积木块则不同，它是将小数四舍五入为整数，如下图所示。

小数点后第 1 位数小于 5，舍去
小数部分，保留整数部分

小数点后第 1 位数等于 5，舍去
小数部分，并将整数部分加 1

如果要四舍五入到指定的小数位数，可以使用如下图所示的脚本。其中的 2 个 1000 表示四舍五入到小数点后 3 位，如果将 2 个 1000 都改为 10，则表示四舍五入到小数点后 1 位，改为 100，则表示四舍五入到小数点后 2 位，依此类推。

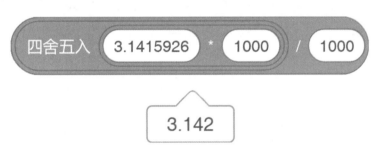

除了四则运算、取余运算、四舍五入，使用如右图所示的积木块还可完成取绝对值、向上取整、向下取整、求平方根、三角函数、对数等运算。这里不做详细讲解，大家可以自行学习。

绝对值 ▼ ⬭

产生随机数

"在（）和（）之间取随机数"积木块可以在设定的取值范围内随机选取一个数，在积木块的两个框中输入数值即可设置随机数的取值范围，输入的数值可以是整数或小数。如果在积木块的两个框中输入的数值都是整数，那么得到的随机数也是整数。例如，"在（1）和（4）之间取随机数"返回的结果可能是 1、2、3、4 中的任意一个整数，如下图所示。

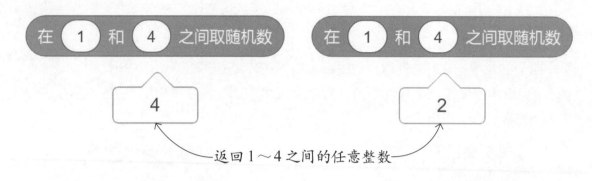

如果在积木块的两个框中输入的数值有一个是小数，那么得到的随机数也为小数。例如，"在（0.1）和（0.4）之间取随机数"返回的结果就可能是 0.13、0.20、0.28、0.36 等 0.1 ～ 0.4 之间的小数。

"在（）和（）之间取随机数"积木块常用于让角色出现在舞台上指定区域内的随机位置、让角色随机切换造型等。

比较运算与逻辑运算

在 Scratch 中，用于完成比较运算和逻辑运算的积木块为六边形，它们返回的运算结果为真（true）或假（false）。这些积木块常常与条件等待、条件循环、条件语句结合使用。

比较运算

用于完成比较运算的积木块有 3 个，分别是"（）>（）""（）<（）""（）=（）"，如下图所示。它们既能比较数值的大小，又能比较字母或字符串的大小，所以积木块的框中既能输入数值，也能输入字母或字符串。

  （右侧同类积木块）

（1）比较数值大小

比较数值大小，顾名思义就是比较积木块两个框中数值的大小。例如，要判断 10 是否大于 17，则在"（）>（）"积木块的第 1 个框中输入 10，第 2 个框中输入 17，运行积木块后返回的比较结果为假（false），如右图所示。

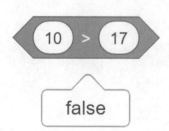

（2）比较字母大小

字母的大小是根据字母表的顺序确定的，排在前面的字母比排在后面的字母小，而且 Scratch 在比较字母大小时不区分大小写。例如，"（a）<（d）"返回的比较结果为真（true），如右图所示。"（A）<（d）""（a）<（D）""（A）<（D）"可以得到相同的比较结果。

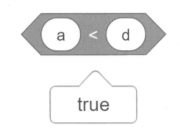

（3）比较字符串大小

字符串的大小比较是在字母的大小比较规则的基础上实现的，Scratch 会依次比较两个字符串每个位置上字母的大小（同样不区分大小写），当比较到某个位置上的字母不一样时，字符串的大小也就判断出来了。例如，"（BOOK）=（book）"返回的比较结果为真（true），如右图所示，因为这两个字符串每个位置上的字母都相同。

需要注意的是，空格也属于字符串的一部分，所以也要参与比较。例如，"（BO OK）=（book）"返回的比较结果即为假（false）。

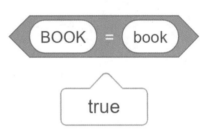

 ## 试一试：猜数游戏

下面应用前面所学的积木块编写一个猜数游戏。先由程序在 1～100 之间随机选取一个整数，然后让玩家输入一个数，程序再判断输入的数是比选取的数大还是比选取的数小，并给出判断结果，直到玩家猜对为止。

素材文件 ▶ 无

程序文件 ▶ 实例文件 \ 07 \ 源文件 \ 猜数游戏.sb3

01 创建新作品，添加背景素材库中的"Light"背景。删除默认的"角色 1"角色，然后添加角色素材库中的"Gobo"角色，将添加的角色移到舞台中间位置。

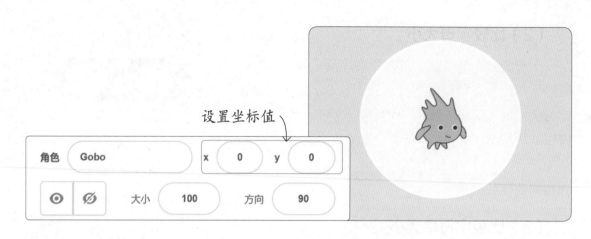

设置坐标值

| 角色 | Gobo | x | 0 | y | 0 |

大小 100　方向 90

02 先创建一个变量"数字"，用于存储需要玩家猜的那个数。

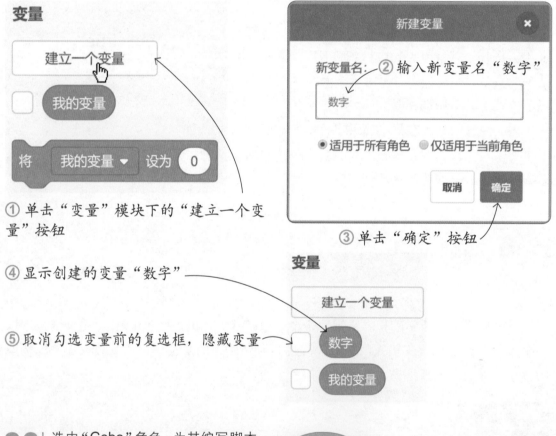

变量

建立一个变量

我的变量

将　我的变量 ▼　设为 0

① 单击"变量"模块下的"建立一个变量"按钮

新建变量

新变量名：②输入新变量名"数字"

数字

●适用于所有角色 ◉仅适用于当前角色

取消　确定

③ 单击"确定"按钮

④ 显示创建的变量"数字"

⑤ 取消勾选变量前的复选框，隐藏变量

变量

建立一个变量

数字

我的变量

03 选中"Gobo"角色，为其编写脚本。当单击▶按钮时，让角色说出"猜数游戏开始啦！"。

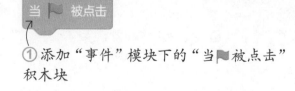

当 ▶ 被点击

① 添加"事件"模块下的"当▶被点击"积木块

② 添加"外观"模块下的"说（）（2）秒"积木块

③ 将"说（）（2）秒"积木块第1个框中的文字更改为"猜数游戏开始啦！"

04 游戏开始后，在 1 ～ 100 之间随机选取一个整数，作为需要玩家猜的那个数，并将这个数存储到变量"数字"中。

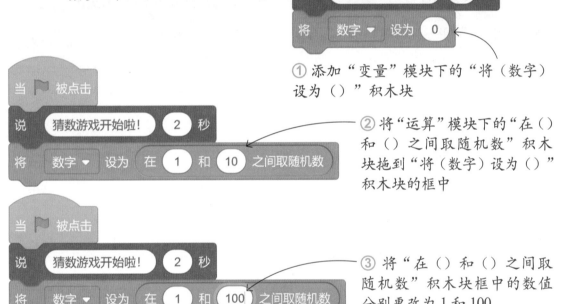

① 添加"变量"模块下的"将（数字）设为（）"积木块

② 将"运算"模块下的"在（）和（）之间取随机数"积木块拖到"将（数字）设为（）"积木块的框中

③ 将"在（）和（）之间取随机数"积木块框中的数值分别更改为 1 和 100

05 接下来就要让玩家开始猜这个数是多少。利用"询问（）并等待"积木块提示玩家输入所猜的数。

① 添加"控制"模块下的"重复执行"积木块

② 添加"侦测"模块下的"询问（）并等待"积木块，将框中的文字更改为"猜一猜我选中的数是多少？"

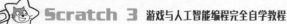

Scratch 3 游戏与人工智能编程完全自学教程

06 程序对玩家输入的数进行判断。如果输入的数正好等于要猜的数，那么让角色说"恭喜你，猜中了！"，随后游戏结束。

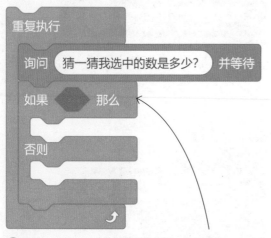

① 添加"控制"模块下的"如果……那么……否则……"积木块

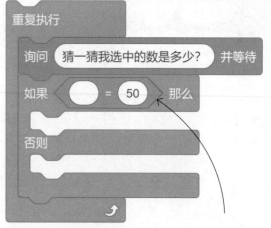

② 将"运算"模块下的"（）=（）"积木块拖到"如果……那么……否则……"积木块的条件框中

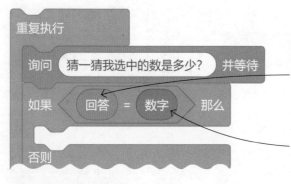

③ 将"侦测"模块下的"回答"积木块拖到"（）=（）"积木块的第1个框中

④ 将"变量"模块下的"数字"积木块拖到"（）=（）"积木块的第2个框中

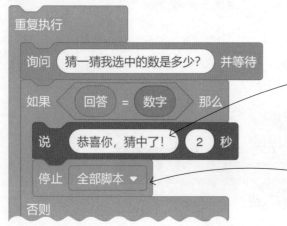

⑤ 添加"外观"模块下的"说（）（2）秒"积木块，将第1个框中的文字更改为"恭喜你，猜中了！"

⑥ 添加"控制"模块下的"停止（全部脚本）"积木块

07 如果输入的数不等于要猜的数，那么还要接着判断它比要猜的数大还是小。如果输入的数小于要猜的数，让角色说"小了，请重猜！"，否则让角色说"大了，请重猜！"。

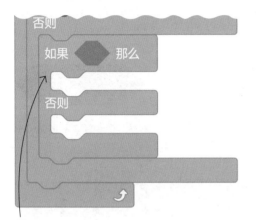

① 添加"控制"模块下的"如果……那么……否则……"积木块

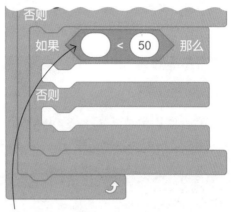

② 将"运算"模块下的"（）<（）"积木块拖到"如果……那么……否则……"积木块的条件框中

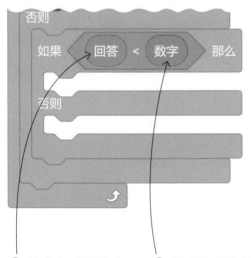

③ 将"侦测"模块下的"回答"积木块拖到"（）<（）"积木块的第1个框中

④ 将"变量"模块下的"数字"积木块拖到"（）<（）"积木块的第2个框中

⑤ 添加"外观"模块下的"说（）（2）秒"积木块，将第1个框中的文字更改为"小了，请重猜！"

⑥ 添加"外观"模块下的"说（）（2）秒"积木块，将第1个框中的文字更改为"大了，请重猜！"

08 将编写好的"重复执行"积木组拼接在步骤04的脚本下方。

逻辑运算

最基本的逻辑运算有"与""或""非"3种，对应的 Scratch 积木块分别为"（）与（）""（）或（）""（）不成立"，如下图所示。运用这些积木块可以将简单的判断条件连接起来，组合成复杂的判断条件。

与比较运算积木块不同，逻辑运算积木块的框中不能输入内容，只能嵌入其他六边形积木块。3个逻辑运算积木块的具体含义见下表。

积木块	含义
与	当两端的条件均为真（true）时，运算结果才为真（true），否则为假（false）
或	两端的条件只要有一个为真（true），运算结果即为真（true）；当两端的条件均为假（false）时，运算结果才为假（false）
不成立	当条件为假（false）时，运算结果为真（true）；当条件为真（true）时，运算结果为假（false）

（1）"（）与（）"逻辑运算

"（）与（）"逻辑运算可以连接两个判断条件，仅在两个条件都为真（true）时，运算结果才为真（true），否则运算结果为假（false）。通常用真值表来展示逻辑运算对所有可能的条件组合的运算结果。"（）与（）"逻辑运算的真值表见下表，其中 X 表示第 1 个条件，Y 表示第 2 个条件。

X	Y	X 与 Y
真（true）	真（true）	真（true）
真（true）	假（false）	假（false）
假（false）	真（true）	假（false）
假（false）	假（false）	假（false）

（2）"（）或（）"逻辑运算

"（）或（）"逻辑运算同样可以连接两个判断条件。它的运算方式为：两个条件中只要有一个条件为真（true），运算结果即为真（true）；当两个条件均为假（false）时，运算结果才为假（false）。"（）或（）"逻辑运算的真值表见下表。

X	Y	X 或 Y
真（true）	真（true）	真（true）
真（true）	假（false）	真（true）
假（false）	真（true）	真（true）
假（false）	假（false）	假（false）

（3）"（）不成立"逻辑运算

"（）不成立"逻辑运算只能设置一个判断条件，当这个条件为假（false）时，运算结果为真（true）；当这个条件为真（true）时，运算结果为假（false）。"（）不成立"逻辑运算的真值表见下表。

X	X 不成立
真（true）	假（false）
假（false）	真（true）

字符串处理

字符串是由数字、字母、汉字、符号等组成的一串字符。常见的字符串处理操作有连接字符串、从字符串中提取字符、统计字符串的字符个数、查找字符串等。

连接字符串

如下图所示的"连接（）和（）"积木块可以将两个字符串前后连接在一起，生成一个新的字符串。

字符串 1　连接 apple 和 banana　字符串 2

要连接的两个字符串可以由用户输入，也可以是其他积木块的运算结果或变量的值。例如，要把两个字符串"推荐书籍："和"麦田里的守望者"连接起来，就可以在"连接（）和（）"积木块的第1个框中输入字符串"推荐书籍："，在第2个框中输入字符串"麦田里的守望者"，然后单击积木块，就会显示连接得到的新字符串，如下图所示。

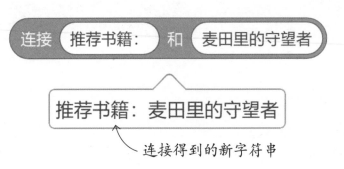

连接得到的新字符串

从字符串中提取字符

"（）的第（）个字符"积木块可以提取字符串指定位置的字符。该积木块的第1个框用于输入要提取字符的字符串；第2个框用于输入数值，以设置要提取第几个字符，如果输入的数值小于1或大于第1个框中字符串的字符个数，积木块会返回空值。

例如，要提取字符串"3.141592653589793"的第6个字符，则在"（）的第（）个字符"积木块的第1个框中输入字符串"3.141592653589793"，在第2个框中输入数值6。因为小数点也算一个字符，所以当单击运行积木块时，可以看到输出结果不是"9"，而是"5"，如下图所示。

从左往右数，第6个字符是"5"

统计字符串的字符个数

字符串的字符个数又叫字符串的长度，使用"（）的字符数"积木块可以快速统计出指定字符串的字符个数。

例如，想要知道字符串"thisisasimplestring"一共有多少个字符，就可以在"（）

的字符数"积木块的框中输入字符串"thisisasimplestring",然后单击运行积木块,即可看到该字符串一共有 19 个字符,如下图所示。

查找字符串

"()包含()?"积木块可以判断一个字符串是否包含另一个字符串。在该积木块的两个框中分别输入字符串,然后运行积木块,积木块就会在第 1 个框的字符串中查找第 2 个框的字符串。如果能查找到,则返回结果为真(true),如下左图所示;如果查找不到,则返回结果为假(false),如下右图所示。

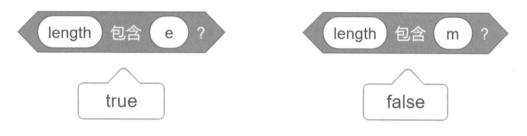

 试一试:跟着小猫做运算

下面利用前面所学的积木块编写一个程序,完成简单的四则运算。程序的舞台上会显示代表四则运算的 4 个按钮,用户通过单击按钮来选择运算类型,小猫就会通过询问的方式让用户输入两个数。输入完毕后,小猫会根据用户选择的运算类型对输入的两个数进行运算,然后说出运算结果。

素材文件 无

程序文件 实例文件\07\源文件\跟着小猫做运算.sb3

01 创建新作品，添加背景素材库中的"Boardwalk"背景。将默认的"角色1"角色（小猫）移到舞台左下角。

02 添加角色素材库中的"Button2"角色，在"造型"选项卡下用"文本"工具在蓝色的按钮图像上输入文字"加法"。再次添加"Button2"角色，在"造型"选项卡下删除"button2-a"造型，然后用"文本"工具在橙色的按钮图像上输入文字"减法"。用相同的方法制作出代表"乘法"和"除法"的按钮角色。

03 将按钮角色分别重命名为"加法""减法""乘法""除法"，并摆放在舞台的合适位置。

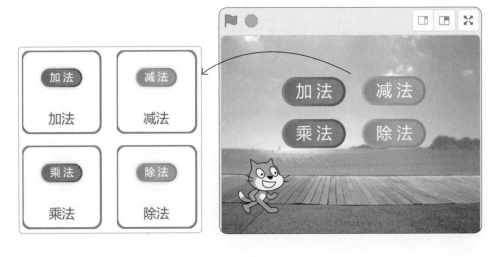

04 选中"加法"角色，为其编写脚本。当单击舞台上的该角色时，广播一条消息，消息名为"算加法"。

① 添加"事件"模块下的"当角色被点击"积木块

② 添加"事件"模块下的"广播（）"积木块

③ 单击下拉按钮，在展开的列表中选择"新消息"选项

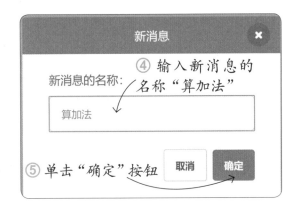

④ 输入新消息的名称"算加法"

⑤ 单击"确定"按钮

05 用相同的思路为"减法""乘法""除法"角色编写脚本。当这些角色被单击时，分别广播消息"算减法""算乘法""算除法"。

单击"减法"角色时，广播消息"算减法"

单击"乘法"角色时，广播消息"算乘法"

单击"除法"角色时，广播消息"算除法"

06 根据程序设定，先创建变量 a 和 b，分别用于存储参与运算的两个数。

变量

① 单击"变量"模块下的"建立一个变量"按钮

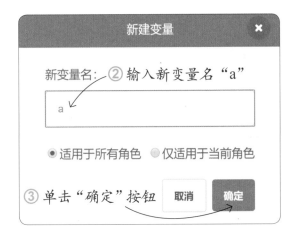

② 输入新变量名"a"

③ 单击"确定"按钮

④ 创建变量 a，再用相同的方法创建变量 b

07 选中小猫角色，为其编写脚本。当小猫接收到消息"算加法"时，通过询问的方式让用户输入第 1 个数，并赋给变量 a。

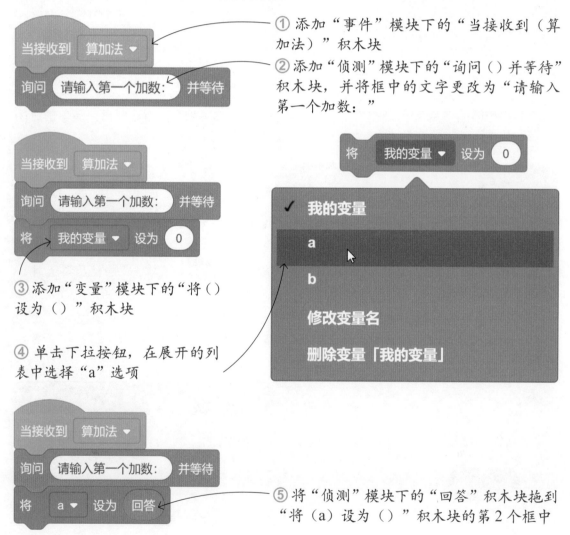

① 添加"事件"模块下的"当接收到（算加法）"积木块

② 添加"侦测"模块下的"询问（）并等待"积木块，并将框中的文字更改为"请输入第一个加数："

③ 添加"变量"模块下的"将（）设为（）"积木块

④ 单击下拉按钮，在展开的列表中选择"a"选项

⑤ 将"侦测"模块下的"回答"积木块拖到"将（a）设为（）"积木块的第 2 个框中

08 用相同的方法输入第 2 个数，并赋给变量 b。

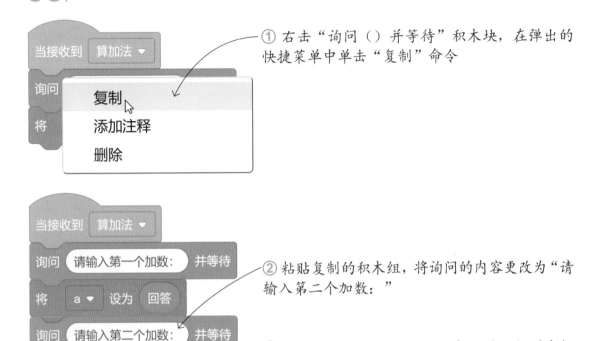

① 右击"询问（）并等待"积木块，在弹出的快捷菜单中单击"复制"命令

② 粘贴复制的积木组，将询问的内容更改为"请输入第二个加数："

③ 在"将（）设为（）"积木块的下拉列表框中选择"b"选项

09 接下来就要用输入的两个数算出结果。将变量 a 和 b 中存储的两个数相加，然后让角色说出运算结果。

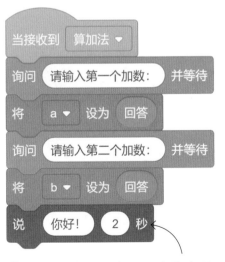

① 添加"外观"模块下的"说（）（2）秒"积木块

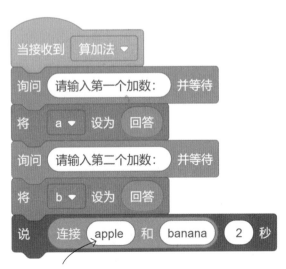

② 将"运算"模块下的"连接（）和（）"积木块拖到"说（）（2）秒"积木块的第 1 个框中

135

③ 在"连接（）和（）"积木块的第 1 个框中输入"答案是"

④ 将"运算"模块下的"（）＋（）"积木块拖到"连接（）和（）"积木块的第 2 个框中

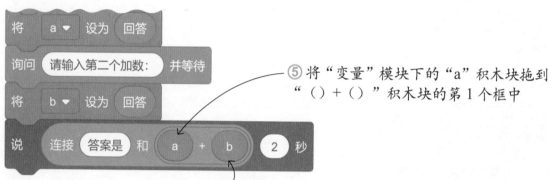

⑤ 将"变量"模块下的"a"积木块拖到"（）＋（）"积木块的第 1 个框中

⑥ 将"变量"模块下的"b"积木块拖到"（）＋（）"积木块的第 2 个框中

10 复制步骤 09 编写好的积木组，然后根据要完成的运算类型分别更改设置。

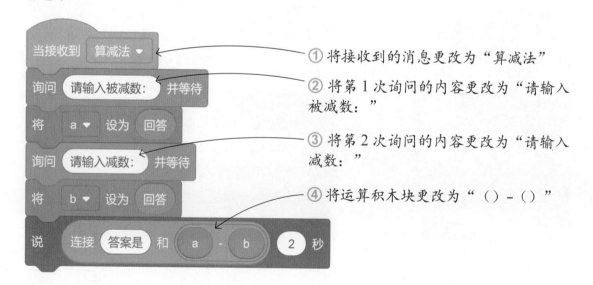

① 将接收到的消息更改为"算减法"

② 将第 1 次询问的内容更改为"请输入被减数："

③ 将第 2 次询问的内容更改为"请输入减数："

④ 将运算积木块更改为"（）－（）"

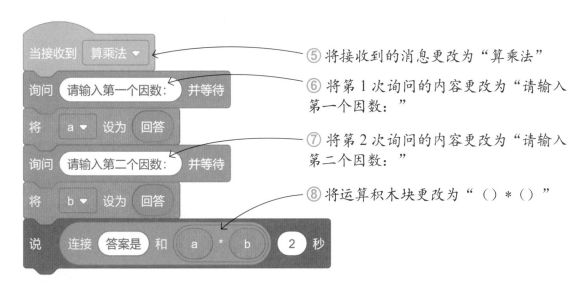

⑤ 将接收到的消息更改为"算乘法"

⑥ 将第 1 次询问的内容更改为"请输入第一个因数："

⑦ 将第 2 次询问的内容更改为"请输入第二个因数："

⑧ 将运算积木块更改为"（）*（）"

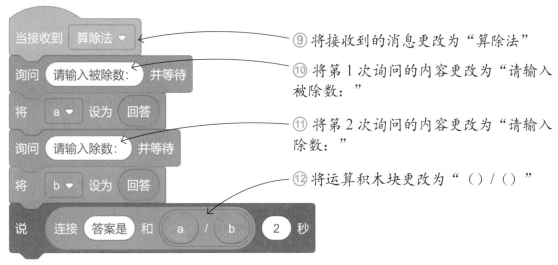

⑨ 将接收到的消息更改为"算除法"

⑩ 将第 1 次询问的内容更改为"请输入被除数："

⑪ 将第 2 次询问的内容更改为"请输入除数："

⑫ 将运算积木块更改为"（）/（）"

技巧提示 | 为程序添加注释

　　为便于其他人理解编程者的编程思路，可以为程序添加注释。右击要添加注释的积木块，在弹出的快捷菜单中执行"添加注释"命令，再输入说明文字，效果如右图所示。

变量和列表

在编程中，免不了要和各种数据打交道。为了更好地存储、管理和调用数据，就需要使用变量和列表。在 Scratch 中，涉及变量和列表的操作通过"变量"模块下的按钮和积木块来完成。

创建与编辑变量

变量用于存储单个数据，并且其中存储的数据是可以动态变化的。例如，游戏的得分、游戏的时间等不断变化的数据，就可以使用变量来存储。通过变量名可以获取变量中存储的数据。

创建新变量

使用变量前，需要先创建变量。单击"变量"模块下的"建立一个变量"按钮，如下左图所示；打开"新建变量"对话框，在对话框中输入变量名，然后指定变量的适用范围（通常指定为"适用于所有角色"），最后单击"确定"按钮，如下右图所示。

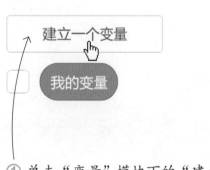

① 单击"变量"模块下的"建立一个变量"按钮

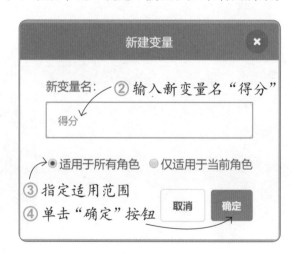

新创建的变量会以积木块的形式显示在"变量"模块下，如下左图所示；并且在舞台的左上角会出现变量值显示器，如下右图所示。我们可以根据需要，将变量值显示器拖到舞台中的任意位置。

变量

创建并显示变量

需要注意的是，变量名最好有一定的意义，能够让人直观地看出变量中存储的是什么数据，例如，变量 name 代表要在其中存储姓名数据，变量 age 代表要在其中存储年龄数据，等等。这样做既能方便我们在编程时使用变量，也能让编写出的脚本更易懂。

🔦 修改变量名

对于已创建的变量，我们可以根据编程需要修改它的名称。修改变量名后，脚本中所有已应用的变量都会更新为新的变量名。

下面以"变量"模块下默认提供的变量"我的变量"为例，讲解修改变量名的具体操作。右击"变量"模块下的"我的变量"，在弹出的快捷菜单中单击"修改变量名"命令，如下左图所示；打开"修改变量名"对话框，在对话框中输入新的变量名，然后单击"确定"按钮即可。

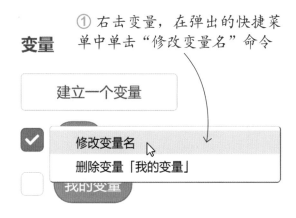

① 右击变量，在弹出的快捷菜单中单击"修改变量名"命令

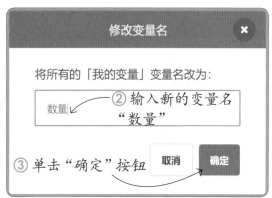

② 输入新的变量名 "数量"

③ 单击"确定"按钮

删除变量

如果不再需要某个变量，可以将它删除。前面创建了一个变量"得分"，假设现在要将其删除，则在"变量"模块下右击该变量，在弹出的快捷菜单中单击"删除变量「得分」"命令，如下左图所示；随后在"变量"模块下就看不到变量"得分"了，如下右图所示。

① 右击变量"得分"，在弹出的快捷菜单中单击"删除变量「得分」"命令

② 在"变量"模块下不再有变量"得分"

变量的设置

前面讲过，变量中存储的数据是可以动态变化的。创建变量后，我们可以在脚本中使用"变量"模块下的积木块修改变量的值，还可以设置在舞台上显示或隐藏变量值显示器。

修改变量值

"变量"模块下有两个用于修改变量值的积木块"将（）设为（）"和"将（）增加（）"，它们的功能有较大区别，下面分别讲解。

（1）为变量赋予特定值

"将（）设为（）"积木块可以直接为变量设置一个新的值，无论之前的变量值是多少。例如，假设"我的变量"的值为10，执行"将（我的变量）设为（5）"积木块之后，"我的变量"的值就变为5。

如果有多个变量，可以单击积木块中的下拉按钮，在展开的列表中选择要设置的变量，然后在积木块的框中输入要设置的变量值即可，如下图所示。

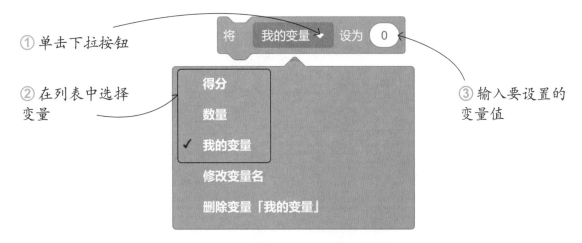

（2）让变量值在原有值的基础上变化指定的量

如下图所示的"将（）增加（）"积木块可以让变量值在原有值的基础上增大或减小指定的量。如果有多个变量，同样需要先在下拉列表框中选择要更改值的变量，然后在框中输入变量值的变化量，输入正数时变量值增大，输入负数时变量值减小。

例如，假设"我的变量"的值为10，若执行"将（我的变量）增加（5）"，则"我的变量"的值变为15；若执行"将（我的变量）增加（-5）"，则"我的变量"的值变为5。

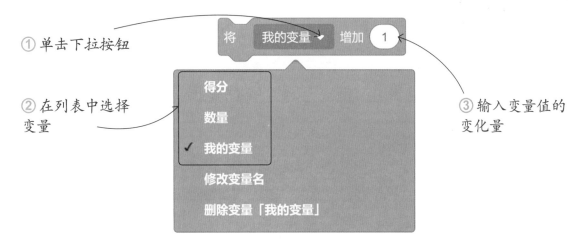

显示 / 隐藏变量

创建变量后，默认状态下会在舞台的左上角以变量值显示器的形式显示变量名和当前的变量值。我们可以在"变量"模块下利用变量积木块前的复选框来设置显示或隐藏变量值显示器。如果要在程序运行的过程中显示或隐藏变量值显示器，则要利用"显示变量（）"或"隐藏变量（）"积木块。

（1）利用积木块前的复选框进行设置

创建变量后，会在"变量"模块下生成一个对应的积木块，积木块前的复选框默认为勾选状态，表示显示变量值显示器，如右图所示。单击该复选框，取消其勾选状态，就可以隐藏变量值显示器。

（2）利用积木块进行设置

如果想要在程序运行过程中控制变量值显示器的显示或隐藏，则需要使用如下图所示的"显示变量（）"和"隐藏变量（）"积木块来编写脚本，前者用于显示变量值显示器，后者则用于隐藏变量值显示器。

 试一试：香蕉大战

下面利用前面学习的有关变量的知识制作一个接香蕉的小游戏。在游戏中，会不断地有香蕉从舞台顶端下落，玩家要利用方向键操控猴子去接住香蕉，每接住一串香蕉就得1分，每漏掉一串香蕉则扣1分。为了增加游戏的挑战性，将游戏的时长限制为30秒。分数的统计利用变量"分数"来实现，在游戏开始时将变量"分数"的值设置为0，猴子每接住一串香蕉就将该变量的值增加1，每漏掉一串香蕉则将该变量的值减少1。倒计时通过变量"倒计时"来实现，在游戏开始时将该变量的值设置为30，然后每隔1秒将该变量的值减少1，减少30次后就结束游戏。

素材文件 ▶ 无

程序文件 ▶ 实例文件 \ 08 \ 源文件 \ 香蕉大战.sb3

01 创建新作品，添加背景素材库中的
"Blue Sky"背景。删除默认的"角
色 1"角色，添加角色素材库中的
"Monkey"和"Bananas"两个角色，
并为角色设置合适的大小和位置。

02 根据程序设定，需要创建"倒计时"和"分数"两个变量。变量"倒计时"用于
设置游戏时长，变量"分数"用于统计猴子接到的香蕉数量。

① 单击"变量"模块下的"建立一个变
量"按钮

变量

建立一个变量

我的变量

④ 创建变量"倒计时"

变量

建立一个变量

☑ 倒计时

☑ 分数

⑤ 用相同的方法创建变量"分数"

② 输入新变量名"倒计时"

③ 单击"确定"按钮

⑥ 在舞台上显示创建的变量

03 选中背景，为其编写脚本。当单击▶按钮时，将变量"倒计时"的初始值设为30，即游戏时长为30秒。

① 添加"事件"模块下的"当▶被点击"积木块

② 添加"变量"模块下的"将（倒计时）设为（）"积木块

③ 把"将（倒计时）设为（）"积木块框中的数值更改为30

04 每隔1秒就将变量"倒计时"的值减少1，如此重复执行30次后，停止全部脚本。

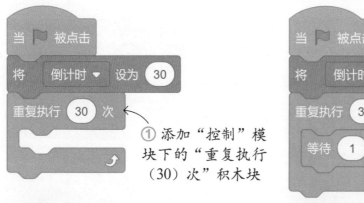

① 添加"控制"模块下的"重复执行（30）次"积木块

② 添加"控制"模块下的"等待（1）秒"积木块

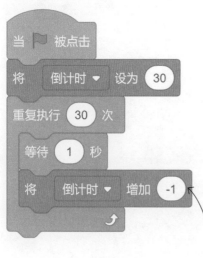

③ 添加"变量"模块下的"将（倒计时）增加（-1）"积木块

④ 添加"控制"模块下的"停止（全部脚本）"积木块

05 继续为背景编写脚本。当单击▶按钮时，将变量"分数"的初始值设为0。

① 添加"事件"模块下的"当▶被点击"积木块

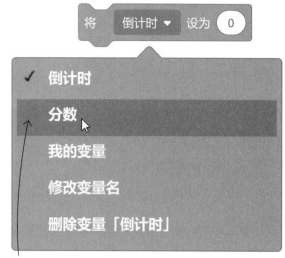

将 倒计时 ▼ 设为 0

✓ 倒计时
分数
我的变量
修改变量名
删除变量「倒计时」

② 添加"变量"模块下的"将（）设为（0）"积木块

③ 单击下拉按钮，在展开的列表中选择"分数"选项

06 选中"Monkey"角色，为其编写脚本。当单击▶按钮时，将"Monkey"角色移到舞台下方中间的位置。

① 添加"事件"模块下的"当▶被点击"积木块

② 添加"运动"模块下的"移到 x:（0）y:（-110）"积木块

07 根据程序设定，需要用方向键来控制"Monkey"角色的移动。添加"如果……那么……"积木块，将条件设为是否按下指定方向键，如果按下就将角色向左或向右移动一定的距离。

① 添加"控制"模块下的"重复执行"积木块

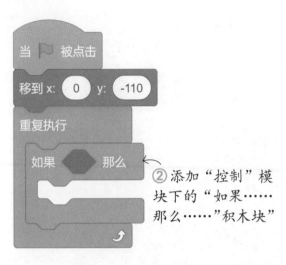

② 添加"控制"模块下的"如果……那么……"积木块"

③ 将"侦测"模块下的"按下（）键？"积木块拖到"如果……那么……"积木块的条件框中

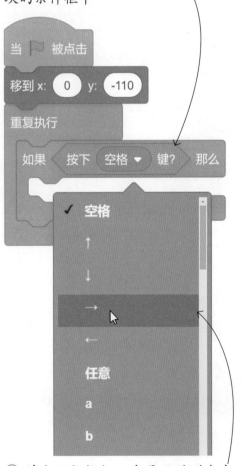

④ 单击下拉按钮，在展开的列表中选择"→"选项

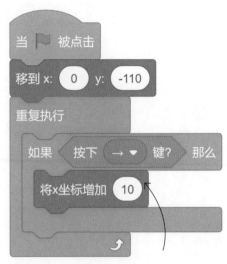

⑤ 添加"运动"模块下的"将 x 坐标增加（10）"积木块

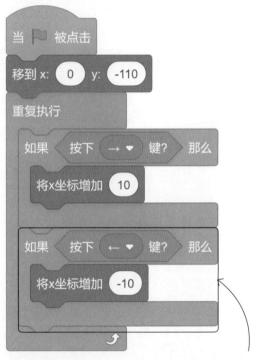

⑥ 复制"如果……那么……"积木组，将侦测的按键更改为←键，将 x 坐标的变化量更改为 –10

08 选中"Bananas"角色，为其编写脚本。当单击▐▀按钮时，将角色移到舞台顶部的随机位置。

① 添加"事件"模块下的"当▐▀被点击"积木块

② 添加"运动"模块下的"移到 x:() y:()"积木块

③ 将"运算"模块下的"在()和()之间取随机数"积木块拖到"移到 x:() y:()"积木块的第 1 个框中

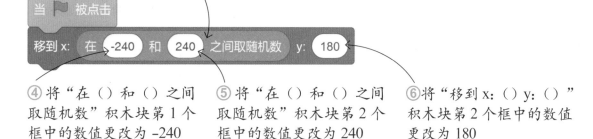

④ 将"在()和()之间取随机数"积木块第 1 个框中的数值更改为 –240

⑤ 将"在()和()之间取随机数"积木块第 2 个框中的数值更改为 240

⑥ 将"移到 x:() y:()"积木块第 2 个框中的数值更改为 180

09 构造一个无限循环，通过不断减小角色的 y 坐标值，实现香蕉从舞台顶部持续下落的效果。通过调整 y 坐标的减小值，可以控制下落速度的快慢。

① 添加"控制"模块下的"重复执行"积木块

② 添加"运动"模块下的"将 y 坐标增加（–5）"积木块

147

10 香蕉下落的过程中，需要判断它是否被猴子接住。先侦测"Bananas"角色是否触碰到"Monkey"角色，如果触碰到，说明猴子接住了香蕉，则将变量"分数"的值增加 1，再把"Bananas"角色移回舞台顶部，重新开始下落。

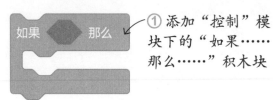

① 添加"控制"模块下的"如果……那么……"积木块

② 将"侦测"模块下的"碰到（）？"积木块拖到"如果……那么……"积木块的条件框中

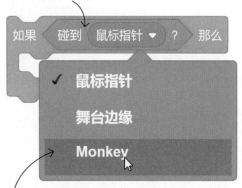

③ 单击下拉按钮，在展开的列表中选择"Monkey"选项

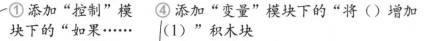

④ 添加"变量"模块下的"将（）增加（1）"积木块

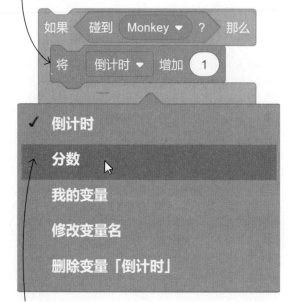

⑤ 单击下拉按钮，在展开的列表中选择"分数"选项

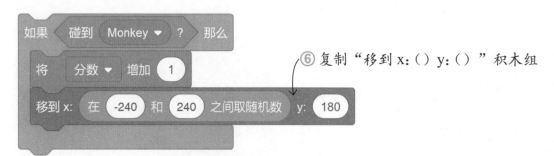

⑥ 复制"移到 x：（）y：（）"积木组

11 再侦测"Bananas"角色是否触碰到舞台底部地面的颜色，如果触碰到，说明猴子没有接住香蕉，香蕉落到了地上，则将变量"分数"的值减少 1，同样把"Bananas"角色移回舞台顶部，重新开始下落。

① 添加"控制"模块下的"如果……那么……"积木块

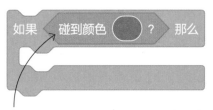

② 将"侦测"模块下的"碰到颜色（）？"积木块拖到"如果……那么……"积木块的条件框中

③ 单击颜色块，在展开的面板中设置颜色为 9、饱和度为 100、亮度为 40

④ 添加"变量"模块下的"将（）增加（）"积木块

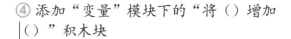

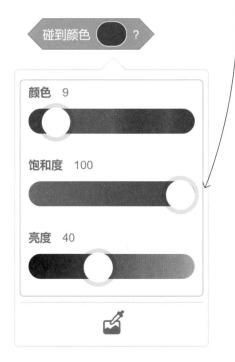

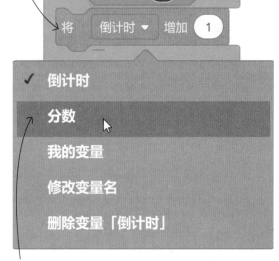

⑤ 单击下拉按钮，在展开的列表中选择"分数"选项

⑥ 把"将（分数）增加（）"积木块框中的数值更改为 -1

⑦ 复制"移到 x:（）y:（）"积木组

12 将两个"如果……那么……"积木组依次嵌入"重复执行"积木块中,完成"Bananas"角色脚本的编写。为了增加游戏的难度,复制"Bananas"角色,得到"Bananas2"角色,让画面中出现更多下落的香蕉。

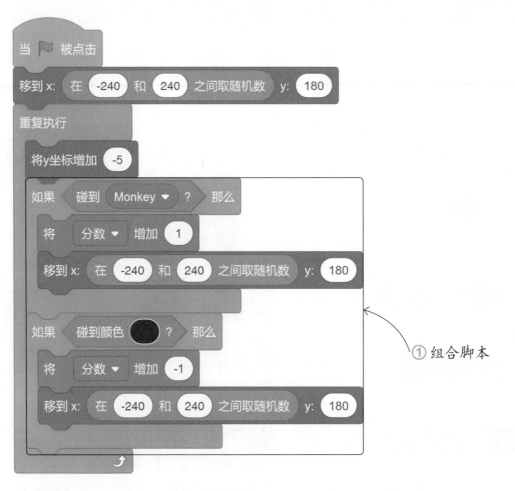

① 组合脚本

② 复制角色

列表的基本操作

变量只能存储单个数据，若要存储多个数据，则要使用列表。列表中的数据通常是有一定关联的，如全班同学某一次数学考试的成绩、某个班级同学的姓名等，并且数据在列表中是按一定的顺序存储的。

💡 创建列表

创建列表的方法与创建变量的方法比较相似。单击"变量"模块下的"建立一个列表"按钮，如下左图所示；打开"新建列表"对话框，在此对话框中输入新列表名，并指定列表的适用范围，然后单击"确定"按钮，如下右图所示。

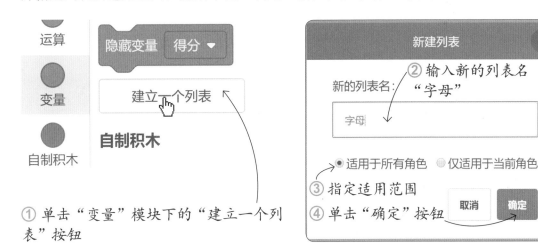

① 单击"变量"模块下的"建立一个列表"按钮

随后舞台上会出现列表值显示器，如下左图所示，可以看到列表中还没有任何数据，列表的长度（即列表的项目数）为 0。同时在"变量"模块下会出现如下右图所示的积木块。前面带有复选框的是代表列表的积木块；其他积木块则用于在脚本中操作列表中的数据，如在列表中添加、删除或替换数据等。

显示列表值显示器

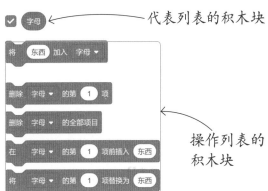

代表列表的积木块

操作列表的积木块

151

显示 / 隐藏列表

创建新的列表后，列表值显示器默认会显示在舞台中，如下左图所示。单击列表前的复选框，取消其勾选状态，即可将列表隐藏，如下右图所示。

如果要在程序运行过程中显示或隐藏列表值显示器，则需使用"变量"模块下的"显示列表（ ）"和"隐藏列表（ ）"积木块，如右图所示。前者用于显示指定列表的列表值显示器，后者用于隐藏指定列表的列表值显示器。

当程序中包含多个列表时，需要单击"显示列表（ ）"或"删除列表（ ）"积木块中的下拉按钮，在展开的列表中选择要显示或隐藏的列表，如右图所示。

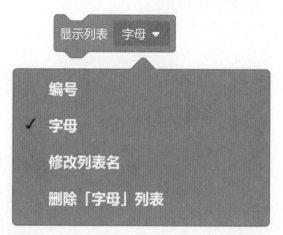

编辑列表

创建列表后，可以对列表中的项目进行添加、删除或修改等操作。下面分别讲解具体方法。

在列表中添加新项目

新创建的列表中没有任何数据，我们可以利用列表值显示器来手动输入项目，也可以通过编写脚本在程序运行过程中为列表添加项目。

（1）利用列表值显示器添加项目

单击列表值显示器左下角的 **+** 按钮，如下左图所示；在列表值显示器中会出现一个空白输入框，如下中图所示；这时就可以在输入框中输入要添加的项目内容，如下右图所示。输入完一个项目后，按 Enter 键，会自动进入下一个新项目的输入状态。输入完所有要添加的项目后，单击舞台或输入框外的任意区域即可结束添加。

（2）利用积木块添加项目

使用"变量"模块下的"将（）加入（）"积木块也可以为列表添加项目。在该积木块的框中输入要添加的项目，然后在下拉列表框中选择要添加项目的列表，如下图所示。运行积木块，即可将输入的项目内容添加到列表中，效果如右图所示。

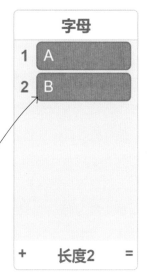

① 输入要添加的项目　② 选择要添加项目的列表

③ 在列表中添加项目的效果

删除列表项目

既然可以向列表添加项目，自然也可以删除列表中的项目。删除列表项目有两种方法：一种是利用列表值显示器来删除，这种方法只能删除单个项目；另一种是利用积木块来删除，这种方法既能删除单个项目，也能一次性删除所有项目。

（1）利用列表值显示器删除项目

在舞台上的列表值显示器中单击选中要删除的项目，如下左图所示；选中的项目右侧会出现一个 ⊠ 按钮，单击该按钮，如下中图所示；选中的项目就会被删除，效果如下右图所示。

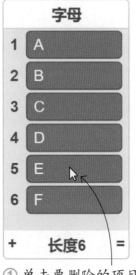

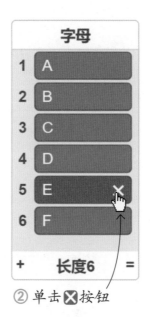

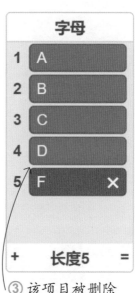

① 单击要删除的项目　　② 单击 ⊠ 按钮　　③ 该项目被删除

 技巧提示 | 调整列表值显示器的宽度和高度

如果列表的项目较多或者内容较长，可以适当调整列表值显示器的宽度和高度，以便看清列表的内容。将鼠标指针移到列表值显示器右下角，当鼠标指针变为 ↖ 时，单击并拖动。向上或向下拖动可调整高度，向左或向右拖动可调整宽度。如右图所示为调整高度前后的效果对比。

（2）利用积木块删除项目

"变量"模块下有两个用于删除列表项目的积木块，分别是"删除（）的第（）项"和"删除（）的全部项目"。下面分别讲解它们的用法。

● 删除指定项目

"删除（）的第（）项"积木块可以按指定的序号删除列表项目。如下左图所示的列表"字母"有 5 个项目，假设现在要删除第 2 项"B"；在"删除（）的第（）项"积木块的下拉列表框中选择列表"字母"，在输入框中输入数值 2，如下中图所示；单击运行积木块，可以看到列表"字母"的第 2 项被删除，如下右图所示。

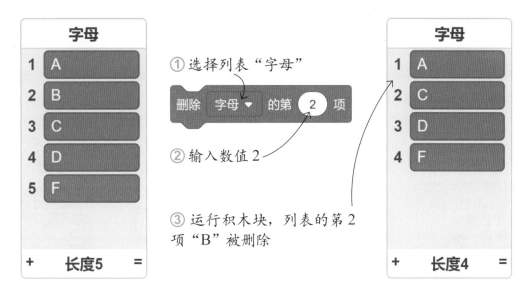

● 删除所有项目

"删除（）的全部项目"积木块可以删除列表中的所有项目。运行如下图所示的"删除（字母）的全部项目"积木块，就能看到列表"字母"的所有项目都被删除，列表变为一个空列表，如右图所示。

在列表中插入新项目

如下图所示的"在（）的第（）项前插入（）"积木块可将单个项目插入到列表的指定位置。该积木块有两个输入框，第1个框用于输入插入项目的序号，第2个框用于输入要插入的项目的内容。插入新项目后，原本在指定序号位置上的项目及其后面的项目都会相应地往后移一位。

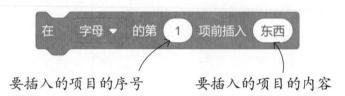

如下左图所示为一个列表"水果"，现在要在项目"凤梨"的前面插入新项目"西瓜"；在"在（）的第（）项前插入（）"积木块的下拉列表框中选择列表"水果"，在第1个框中输入数值3，在第2个框中输入"西瓜"，如下中图所示；单击运行积木块，可以看到在列表中插入了新项目"西瓜"，列表的长度由5变为6，如下右图所示。

替换列表项目

如下图所示的"将（）的第（）项替换为（）"积木块可以用新项目替换列表中指定位置的项目。与"在（）的第（）项前插入（）"积木块类似，此积木块也有两个输入框，第1个框用于输入列表中需要替换的项目的序号，第2个框用于输入要替换为的内容。

要替换的项目的序号　　　　　要替换为的内容

如下左图所示为一个列表"水果"，现在要将列表的第4项替换为"草莓"；在"将（）的第（）项替换为（）"积木块的下拉列表框中选择列表"水果"，在第1个框中输入数值4，在第2个框中输入"草莓"，如下中图所示；单击运行积木块，可以看到第4项的内容由"凤梨"变为"草莓"，列表的长度不变，如下右图所示。

使用列表

前面学习了编辑列表的操作，下面来学习如何在脚本中使用列表，包括获取列表项目的内容或序号、统计列表的项目数、查询列表是否包含某个项目等。

获取项目的内容或序号

创建列表并在列表中添加项目后，可以利用"变量"模块下的"（）的第（）项"和"（）中第一个（）的编号"积木块在列表中获取项目的内容或序号。

（1）按序号获取内容

使用"（）的第（）项"积木块可以在指定的列表中获取指定序号的项目内容。在此积木块的下拉列表框中选择要获取项目内容的列表，然后在输入框中输入项目的序号，单击运行积木块，在积木块下方就会显示该序号的项目内容。

如下左图所示为一个列表"成绩"，假设现在要获取该列表第 3 项的内容；在"（）的第（）项"积木块的下拉列表框中选择列表"成绩"，然后在输入框中输入数值 3，单击运行积木块，即可看到列表的第 3 项为"96.5"，如下右图所示。

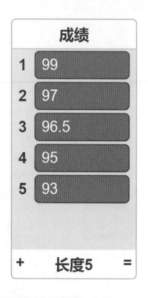

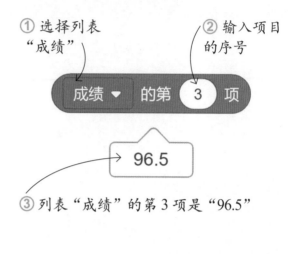

（2）按内容获取序号

使用"（）中第一个（）的编号"积木块可以获取指定内容在列表中第 1 次出现的位置序号。如右图所示，在该积木块的下拉列表框中选择列表"成绩"，然后在输入框中输入数值 95，单击运行积木块，积木块下方就会显示项目对应的序号，即列表"成绩"中的第 1 个 95 出现在第 4 项上。

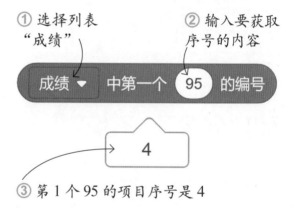

💡 统计列表的项目数

如果需要知道列表中有几个项目，可以使用"（）的项目数"积木块。例如，想要统计列表"成绩"的项目数，则在"（）的项目数"积木块的下拉列表框中选择列表"成绩"，然后单击运行积木块，就能看到此列表有 5 个项目，如右图所示。

列表"成绩"一共有 5 个项目

查询列表是否包含某个项目

如果想要知道列表是否包含某个特定的项目，可以使用"（）包含（）？"积木块。该积木块的返回结果为真（true）或假（false），如果列表包含指定项目，返回结果为真（true），否则返回结果为假（false）。

例如，要查询列表"成绩"中是否有100分和99分的成绩，则在"（）包含（）？"积木块的下拉列表框中选择列表"成绩"，然后在输入框中输入数值100，单击运行积木块，可以看到返回结果为假（false），如下左图所示，说明列表"成绩"中没有100分的成绩；将要查询的数值更改为99，单击运行积木块，可以看到返回结果为真（true），如下右图所示，说明列表"成绩"中有99分的成绩。

返回结果为假（false），说明列表中没有该项目

返回结果为真（true），说明列表中有该项目

试一试：开心记单词

下面利用前面学习的列表操作的积木块编写一个记单词的小游戏：舞台上会随机显示一种水果的图像，玩家需要通过键盘输入这种水果的英语单词来回答人物角色的询问。如果回答正确，则继续回答下一题；如果回答错误，则需要重新输入，直到回答正确为止。游戏制作的主要思路为：添加一个有多种造型的角色，每个造型的图像是一种水果，造型的名称则是对应的英语单词；利用循环将角色的造型名称以随机顺序添加到一个列表中；按列表中存储的造型顺序依次显示造型，并让玩家作答，通过比较玩家输入的内容与列表中存储的造型名称是否一致来判断正误。

素材文件 无

程序文件 实例文件 \ 08 \ 源文件 \ 开心记单词.sb3

01 创建新作品，添加背景素材库中的"Chalkboard"背景。删除默认的"角色 1"角色，添加角色素材库中的"Avery"角色，并在角色列表中更改角色的坐标，将角色移到舞台中合适的位置。

输入角色的坐标 x 为 –150、y 为 –50

02 添加角色素材库中的"Orange2"角色，在角色列表中更改角色的名称和坐标。

输入角色的名称为"单词卡"，坐标 x 为 –20、y 为 70

03 在"造型"选项卡下删除多余的造型，将保留的造型的名称更改为对应的英语单词。

① 单击删除造型

② 输入造型名称"orange"

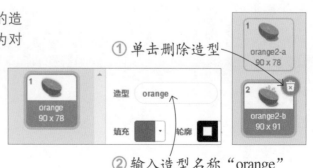

04 为"单词卡"角色添加造型素材库中的造型，并将造型名称更改为对应的英语单词。利用"选择"工具适当调整各个造型中图像的大小和在画布上的位置，以获得美观的舞台效果。

① 单击"选择一个造型"按钮

② 单击"Apple"造型

③ 输入造型名称"apple"

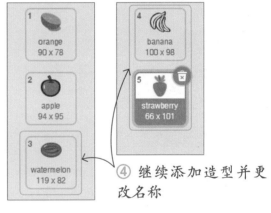

④ 继续添加造型并更改名称

05 创建一个名为"单词列表"的列表，用于存储要添加的英语单词。

① 单击"变量"模块下的"建立一个列表"按钮

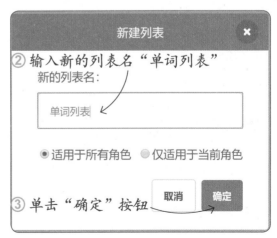

② 输入新的列表名"单词列表"

③ 单击"确定"按钮

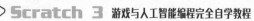

06 选中"单词卡"角色，为其编写脚本。当单击▶按钮时，删除"单词列表"中的所有项目，为在列表中添加项目做好准备。

① 添加"事件"模块下的"当▶被点击"积木块

② 添加"变量"模块下的"删除（单词列表）的全部项目"积木块

07 接着需要将"单词卡"角色的造型名称以随机顺序添加到列表中，脚本的编写思路为：先为"单词卡"角色随机选择一个造型，然后判断列表是否包含该造型的名称，如果不包含，则将该造型的名称添加到列表中。重复这一操作，直到列表的项目数量等于"单词卡"角色的造型数量（本案例中为5）。根据这一思路，先来构造一个条件循环。

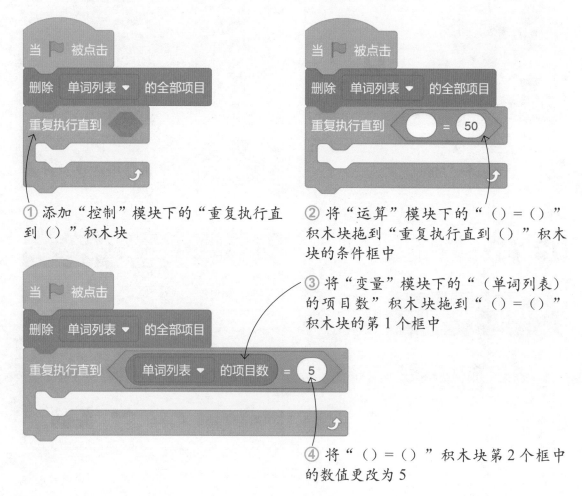

① 添加"控制"模块下的"重复执行直到（ ）"积木块

② 将"运算"模块下的"（ ）=（ ）"积木块拖到"重复执行直到（ ）"积木块的条件框中

③ 将"变量"模块下的"（单词列表）的项目数"积木块拖到"（ ）=（ ）"积木块的第1个框中

④ 将"（ ）=（ ）"积木块第2个框中的数值更改为5

08 | 再来编写条件循环中要重复执行的操作。

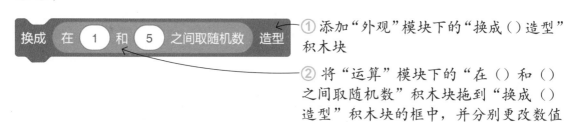

① 添加"外观"模块下的"换成（）造型"积木块

② 将"运算"模块下的"在（）和（）之间取随机数"积木块拖到"换成（）造型"积木块的框中，并分别更改数值为 1 和 5

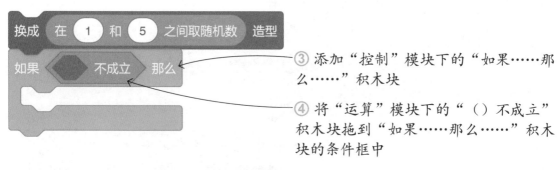

③ 添加"控制"模块下的"如果……那么……"积木块

④ 将"运算"模块下的"（）不成立"积木块拖到"如果……那么……"积木块的条件框中

⑤ 将"变量"模块下的"（单词列表）包含（）？"积木块拖到"（）不成立"积木块的框中

⑥ 将"外观"模块下的"造型（名称）"积木块拖到"（单词列表）包含（）？"积木块的框中

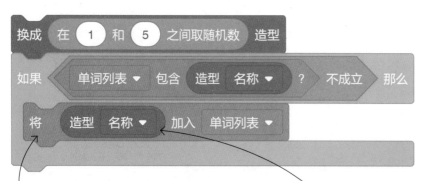

⑦ 添加"变量"模块下的"将（）加入（单词列表）"积木块

⑧ 将"外观"模块下的"造型（名称）"积木块拖到"将（）加入（单词列表）"积木块的框中

Scratch 3 游戏与人工智能编程完全自学教程

09 将步骤 08 的脚本嵌入步骤 07 构造的条件循环中，然后广播消息，让"Avery"角色开始运行出题的脚本。

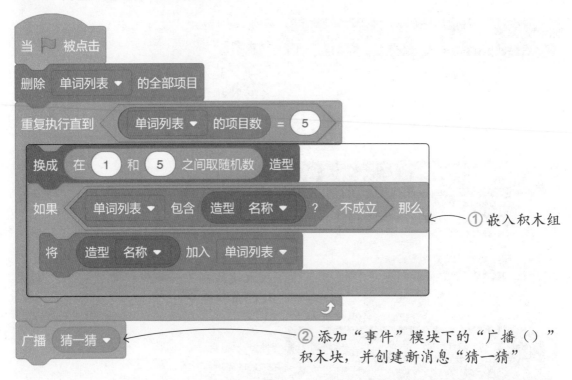

① 嵌入积木组

② 添加"事件"模块下的"广播（）"积木块，并创建新消息"猜一猜"

10 选中"Avery"角色，为其编写脚本。当接收到"猜一猜"消息时，开始出题，脚本的编写思路为：先广播消息，通知"单词卡"角色切换为列表"单词列表"中第 1 项的造型，然后以询问的方式让玩家输入回答；通过比较玩家的回答与列表"单词列表"第 1 项的内容是否一致来判断正误；如果回答错误，则给出相应的提示，并重新询问，直到回答正确为止；回答正确后，同样给出相应的提示，并删除列表"单词列表"的第 1 项，让原本的第 2 项成为要回答的下一道题目。重复上述操作，直到列表"单词列表"的项目数量变为 0，也就是所有题目都回答正确为止。根据这一思路，首先构造一个条件循环。

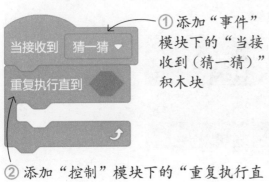

① 添加"事件"模块下的"当接收到（猜一猜）"积木块

② 添加"控制"模块下的"重复执行直到（）"积木块

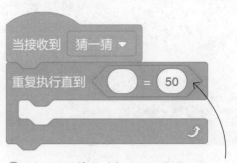

③ 将"运算"模块下的"（）=（）"积木块拖到"重复执行直到（）"积木块的条件框中

164

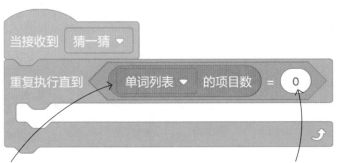

④ 将"变量"模块下的"（单词列表）的项目数"积木块拖到"（）=（）"积木块的第 1 个框中

⑤ 将"（）=（）"积木块第 2 个框中的数值更改为 0

11 | 再来编写条件循环中要重复执行的操作。

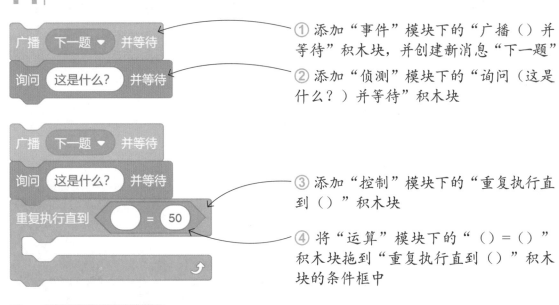

① 添加"事件"模块下的"广播（）并等待"积木块，并创建新消息"下一题"

② 添加"侦测"模块下的"询问（这是什么？）并等待"积木块

③ 添加"控制"模块下的"重复执行直到（）"积木块

④ 将"运算"模块下的"（）=（）"积木块拖到"重复执行直到（）"积木块的条件框中

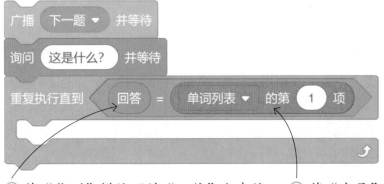

⑤ 将"侦测"模块下的"回答"积木块拖到"（）=（）"积木块的第 1 个框中

⑥ 将"变量"模块下的"（单词列表）的第（1）项"积木块拖到"（）=（）"积木块的第 2 个框中

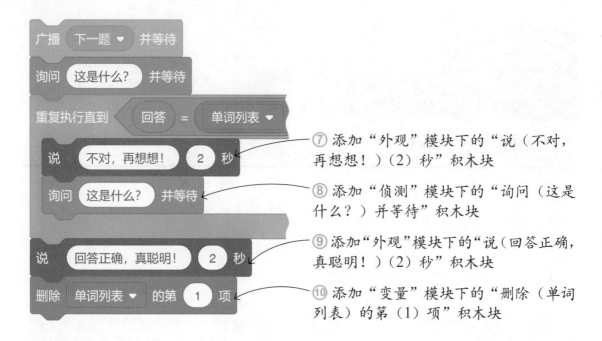

⑦ 添加"外观"模块下的"说（不对，再想想！）（2）秒"积木块

⑧ 添加"侦测"模块下的"询问（这是什么？）并等待"积木块

⑨ 添加"外观"模块下的"说（回答正确，真聪明！）（2）秒"积木块

⑩ 添加"变量"模块下的"删除（单词列表）的第（1）项"积木块

12 将步骤 11 的脚本嵌入步骤 10 构造的条件循环中。

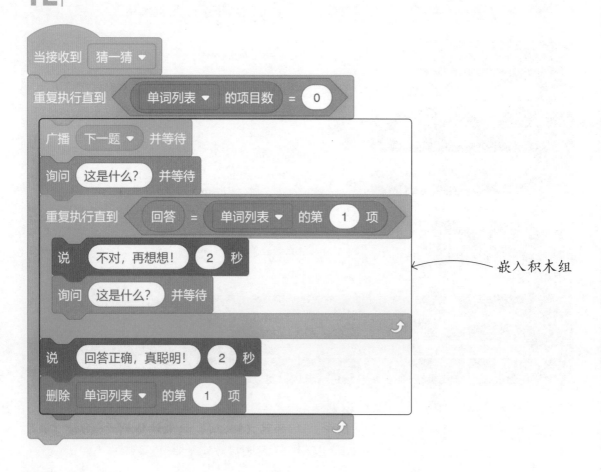

嵌入积木组

13 | 选中"单词卡"角色，为其编写接收到"下一题"消息时切换造型的脚本。

① 添加"事件"模块下的"当接收到（下一题）"积木块

② 添加"外观"模块下的"换成（）造型"积木块

③ 将"变量"模块下的"（单词列表）的第（1）项"积木块拖到"换成（）造型"积木块的框中

14 | 单击▶按钮运行游戏，即可看到游戏效果。

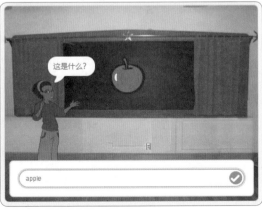

 技巧提示 | 根据编程的需要显示或隐藏列表

　　在编程的过程中，可以在"变量"模块下勾选列表前的复选框，在舞台上显示列表值显示器，以便更好地了解程序运行过程中列表项目的变化过程。待完成了程序的编写和调试，再取消勾选列表前的复选框，在舞台上隐藏列表值显示器，以获得更美观的舞台效果。

动听的声音

声音在游戏中起着非常重要的作用，它不仅能增加作品的趣味性，还能反馈信息和事件、营造情绪和氛围。Scratch 对声音的支持非常完善，不仅能为作品添加音效和背景音乐，还能模拟多种乐器的演奏效果，甚至能将输入的文本转化为电子语音。

添加声音

Scratch 支持给角色和舞台背景添加声音，添加的方式有 3 种，分别是从内置的声音素材库选择声音、通过麦克风录制声音、上传预先准备好的声音文件。

选择声音素材库中的声音

Scratch 内置的声音素材库提供了丰富的声音资源，如动物的叫声、简单的旋律、乐器的声音等。选中背景或角色后，单击"声音"标签，在展开的"声音"选项卡的左下角单击"选择一个声音"按钮，如下左图所示，即可打开如下右图所示的声音素材库。单击上方的类别标签，可按类别浏览声音。将鼠标指针放在某个声音右上角的 ▶ 图标上，可预览声音的播放效果。找到合适的声音后，单击即可将它添加到背景或角色中。

① 单击"选择一个声音"按钮

② 单击选择要添加的声音

添加的声音会显示在"声音"选项卡左侧的声音列表中，利用右侧的声音编辑器可以对添加的声音做进一步的编辑，如更改声音的播放速度、音量等，如下图所示。

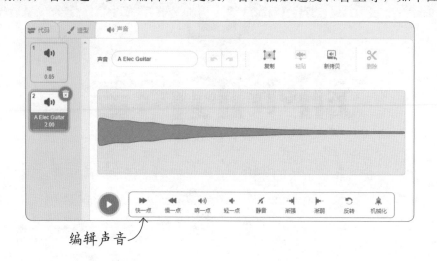

编辑声音

通过麦克风录制声音

如果声音素材库中没有合适的声音，我们还可以使用麦克风自己录制声音。在计算机上连接好麦克风并确认它能正常工作，然后在 Scratch 中将鼠标指针移到"声音"选项卡左下角的"选择一个声音"按钮上，在展开的菜单中单击"录制"按钮，如下左图所示；在弹出的"录制声音"对话框中单击"录制"按钮，如下右图所示，就可以开始对着麦克风说话、唱歌或演奏乐器等，麦克风会把这些声音录制下来。录制到满意的声音后，单击"停止录制"按钮，再单击"保存"按钮，就完成了声音的录制。

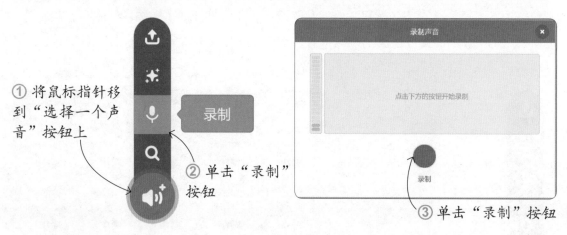

用计算机录制的声音通常音质都不太好，如果对音质有较高的要求，建议使用手机录制声音，然后把录音文件拷贝到计算机上，再使用下面要介绍的第 3 种方法将声音添加至作品中。

上传自定义的声音文件

除了以上介绍的两种方法，我们还可以从其他渠道获取声音文件（如从一些素材网站下载声音文件），然后将它添加到作品中。需要注意的是，Scratch 目前只支持 .wav 和 .mp3 格式的声音文件。

将鼠标指针移到"声音"选项卡左下角的"选择一个声音"按钮上，在展开的菜单中单击"上传声音"按钮，如下左图所示；在弹出的"打开"对话框中选择声音文件，然后单击"打开"按钮，如下右图所示，就能将选择的声音文件添加至作品中。Scratch 读取声音文件的速度取决于文件的大小，文件越大，读取的时间就越长。

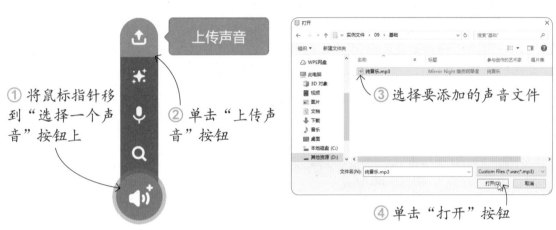

① 将鼠标指针移到"选择一个声音"按钮上　② 单击"上传声音"按钮　③ 选择要添加的声音文件　④ 单击"打开"按钮

控制声音的播放

为背景或角色添加声音后，就可以在编写脚本时使用"声音"模块下的积木块控制声音的播放，以实现想要的作品效果。

开始播放声音

用于控制声音开始播放的积木块有两个，分别是"播放声音（）"和"播放声音（）等待播完"。

如右图所示，在"播放声音（）"积木块的下拉列表框中选择要播放的声音，在运行时，该积木块就会开始播放选中的声音，同时继续运行其下方的脚本。

如右图所示的"播放声音（）等待播完"积木块
在运行时也会开始播放选中的声音，但与"播放声音
（）"积木块不同的是，它会在声音播放完毕后再继
续运行其下方的脚本。

停止播放声音

如右图所示的"停止所有声音"积木块可以停止整个作品中当前
正在播放的所有声音。

 试－试：一起跳舞

下面利用前面所学的知识制作一个小女孩随着音乐跳舞的小动画。先将跳舞的背
景音乐添加到角色的声音列表中，然后利用"播放声音（）等待播完"积木块播放背
景音乐，在播放背景音乐的同时让角色不断地切换造型，制造出跳舞的动画效果。

素材文件 ▸ 无

程序文件 ▸ 实例文件 \ 09 \ 源文件 \ 一起跳舞.sb3

01 创建新作品，添加背景素材库中的
"Concert"背景。删除默认的"角
色 1"角色，再添加角色素材库中
的"Ballerina"角色，将添加的角
色移到舞台中间的位置。

02 单击"声音"标签，展开"声音"选项卡，为"Ballerina"角色添加声音素材库中的"Dance Around"音效，作为角色跳舞时的背景音乐。

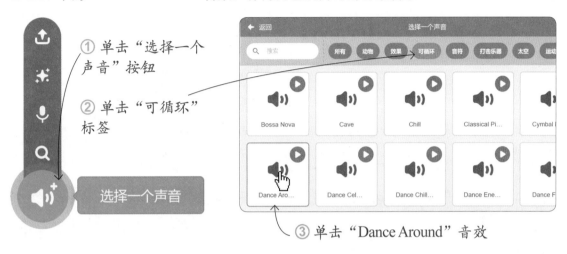

① 单击"选择一个声音"按钮

② 单击"可循环"标签

③ 单击"Dance Around"音效

03 单击"代码"标签，展开"代码"选项卡，为"Ballerina"角色编写脚本。当单击▶按钮时，循环播放添加的"Dance Around"音效。

① 添加"事件"模块下的"当▶被点击"积木块

② 添加"控制"模块下的"重复执行"积木块

③ 添加"声音"模块下的"播放声音（）等待播完"积木块

④ 单击下拉按钮，在展开的列表中选择"Dance Around"选项

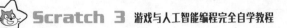

04 继续为"Ballerina"角色编写脚本。当单击▶按钮时，将角色的造型设为造型列表中的第 1 个造型"ballerina-a"。

① 添加"事件"模块下的"当▶被点击"积木块

② 添加"外观"模块下的"换成（balle-rina-a）造型"积木块

05 当背景音乐响起时，小女孩就要跟着音乐开始跳舞。构造一个无限循环，让角色每隔 0.2 秒就切换一次造型，以此表现出跳舞的动画效果。

① 添加"控制"模块下的"重复执行"积木块

② 添加"控制"模块下的"等待（0.2）秒"积木块

③ 添加"外观"模块下的"下一个造型"积木块

 技巧提示 | 调整声音的音量

　　如下左图所示的"将音量设为（）%"积木块的输入框中可以输入 0 ～ 100 的数值，输入的数值越小，音量就越小，100 表示原始音量，0 表示静音。如下右图所示的"将音量增加（）"积木块可基于当前音量值改变音量的大小，输入正数时音量变大，输入负数时音量变小。音量设置只对当前角色有效，我们可以为不同的角色设置不同的音量。

将音量设为 100 ％　　　　将音量增加 -10

演奏音乐

使用"音乐"扩展模块下的积木块可以模拟多种乐器的演奏效果。需要注意的是，默认情况下积木块分类区不显示"音乐"扩展模块，需要通过单击积木块分类区底部的"添加扩展"按钮来手动添加。

演奏打击乐器

打击乐器是指以打、摇动、摩擦、刮等方式产生声音效果的乐器，如鼓、钹、木鱼等。使用"音乐"扩展模块下的"击打（）（）拍"积木块可以模拟多种打击乐器发出的声音。如下图所示，单击该积木块中的下拉按钮，在展开的列表中选择要模拟的打击乐器，然后在输入框中输入数值（可为整数或小数），设置打击乐器的节拍。

①单击下拉按钮
②选择打击乐器
③输入打击节拍

演奏其他乐器

除了打击乐器，Scratch 还可以模拟键盘乐器、弦乐器、管乐器等的演奏效果。具体的操作会更复杂一些，除了要设置演奏的乐器，还要设置演奏的音符和节拍。

（1）设置演奏的乐器

"将乐器设为（）"积木块用于设置演奏的乐器，单击积木块中的下拉按钮，在展开的列表中即可选择乐器，如右图所示。需要注意的是，每个角色一次只能演奏一种乐器，如果要实现多种乐器合奏的效果，则需添加多个角色，并为每个角色设置不同的乐器。

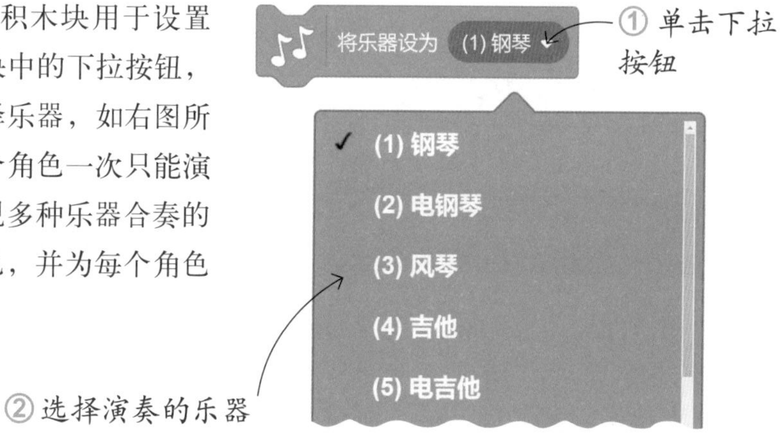

将乐器设为 (1) 钢琴

①单击下拉按钮

✓ (1) 钢琴
(2) 电钢琴
(3) 风琴
(4) 吉他
(5) 电吉他

②选择演奏的乐器

（2）设置演奏的音符和节拍

选择好演奏的乐器后，就可以使用"演奏音符（ ）（ ）拍"积木块进行演奏。该积木块的第 1 个输入框用于设置要演奏的音符，在输入框中单击，会展开一个钢琴的模拟键盘，单击琴键即可选择音符，如下图所示，也可以直接输入数值，取值范围是 0 ~ 130 的整数，数值越小音频越低；第 2 个输入框用于设置演奏这个音符所用的节拍数，输入的数值可以为整数或小数。

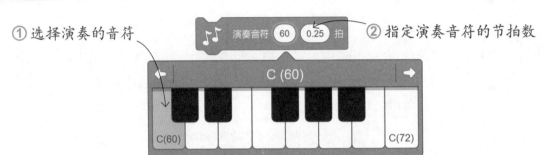

设置休止符

如右图所示的"休止（ ）拍"积木块起到的是乐谱中的休止符的作用，它可以让乐曲在演奏到一定的位置时停顿一定的节拍数。停顿的时间长短由输入的数值控制，数值越大，停顿的时间就越长。

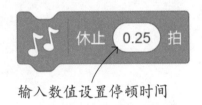

输入数值设置停顿时间

设置演奏速度

乐曲的演奏速度可以用节奏来衡量，简单来说，节奏就是每分钟的节拍数（bpm），其数值越大，代表演奏的速度越快。使用"将演奏速度设定为（ ）"积木块和"将演奏速度增加（ ）"积木块可以改变演奏的节奏，从而控制演奏的速度。

如下左图所示的"将演奏速度设定为（ ）"积木块可以直接为演奏速度设置一个新的值，数值越大，演奏速度就越快；如下右图所示的"将演奏速度增加（ ）"积木块则是将当前的演奏速度变快或变慢，输入正数时速度变快，输入负数时速度变慢。

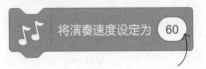

指定演奏速度，值越大，演奏速度越快

改变演奏速度，输入正数速度变快，输入负数速度变慢

试一试：美妙音乐会

下面利用"音乐"扩展模块演奏一小段美妙的乐曲。在脚本中，根据角色的造型将演奏的乐器设置为萨克斯管，乐曲的演奏则主要运用"演奏音符（）（）拍"积木块来完成，根据乐谱在模拟琴键中设置要演奏的音符和每个音符演奏的节拍数。

01　创建新作品，添加背景素材库中的"Theater 2"背景。删除默认的"角色 1"角色，上传自定义的"演奏者"角色，并将角色移到舞台中间。

02　选中"演奏者"角色，为其编写脚本。当单击▶按钮时，将演奏的乐器设置为萨克斯管，为演奏乐曲做好准备。

① 添加"事件"模块下的"当▶被点击"积木块

② 添加"音乐"扩展模块下的"将乐器设为（）"积木块

③ 单击下拉按钮，在展开的列表中选择"（11）萨克斯管"选项

03 利用"将演奏速度设定为（）"积木块设置较高的演奏速度，以获得更轻快的演奏效果。

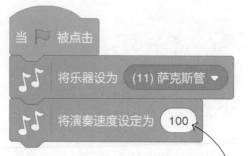

添加"音乐"扩展模块下的"将演奏速度设定为（100）"积木块

04 设置好演奏乐器和演奏速度，接下来就可以根据乐谱依次设置演奏的音符和节拍。

① 添加"音乐"扩展模块下的"演奏音符（）（）拍"积木块

② 单击"演奏音符（）（）拍"积木块的第 1 个框

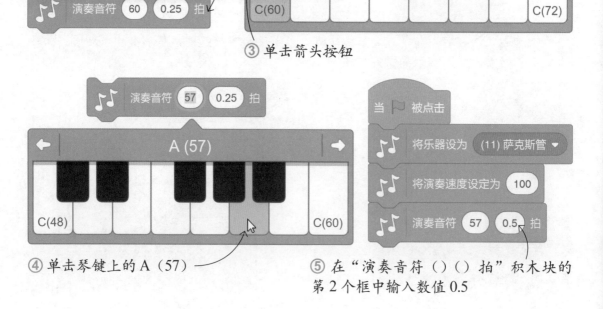

③ 单击箭头按钮

④ 单击琴键上的 A（57）

⑤ 在"演奏音符（）（）拍"积木块的第 2 个框中输入数值 0.5

05 复制"演奏音符（）（）拍"积木块，设置要演奏的其他音符。

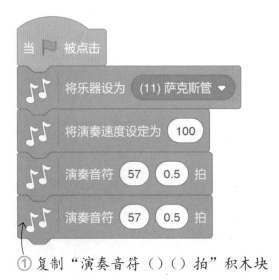

① 复制"演奏音符（）（）拍"积木块

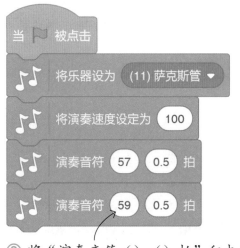

② 将"演奏音符（）（）拍"积木块第
1 个框中的数值更改为 59

06 继续复制多个"演奏音符（）（）拍"积木块，并更改演奏的音符和节拍，然后利用
"休止（）拍"积木块停顿四分之一拍，完成第一段旋律的演奏。接着添加更多
"演奏音符（）（）拍"积木块，完成第二段旋律的演奏。

① 添加更多"演奏音符（）（）拍"积木块，设置第一段旋律的音符和节拍

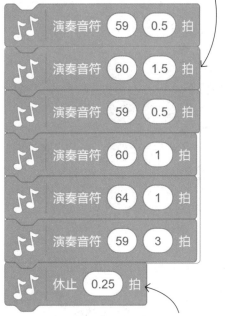

② 添加"音乐"扩展模块下的"休止
（0.25）拍"积木块

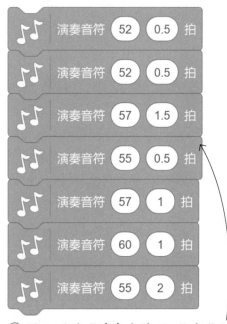

③ 添加更多"演奏音符（）（）拍"积木块，
设置第二段旋律的音符和节拍

朗读文字

使用"文字朗读"扩展模块下的积木块可以将文本转化成语音，实现类似于智能手机上电子书 App 的听书功能，或者新闻 App 的听新闻功能。

设置朗读的语言

"文字朗读"扩展模块支持多种朗读语言，包括中文、英语、法语、德语、意大利语、日语等。开始朗读前，需要使用"将朗读语言设置为（）"积木块为要朗读的内容选择匹配的朗读语言。单击积木块中的下拉按钮，在展开的列表中即可选择朗读语言，如右图所示。

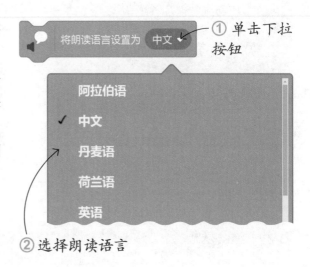

① 单击下拉按钮

② 选择朗读语言

设置朗读的嗓音

除了朗读语言，还可以使用"使用（）嗓音"积木块指定朗读的嗓音。默认的"中音"为常规的女声，单击下拉按钮，在展开的列表中还有"男高音"、"尖细"(声音尖锐，语速稍快)、"巨人"（声音低沉，语速稍慢）、"小猫"等选项，如右图所示。需要注意的是，若选择"小猫"选项，那么不管朗读的文本是什么内容，角色都只会发出"喵喵喵"的声音。

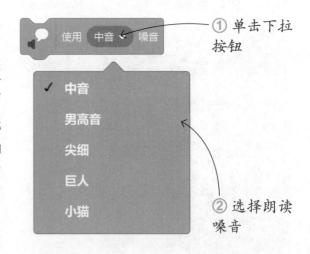

① 单击下拉按钮

② 选择朗读嗓音

开始朗读

设置好朗读的语言和嗓音后，就可以使用如右图所示的"朗读（）"积木块让角色开始朗读。在积木块的输入框中输入文本，运行积木块，角色就会朗读框中的文本。

技巧提示 | 文字朗读类积木块的使用条件

　　文字朗读类积木块必须在连网条件下才能合成语音。在首次运行含有这类积木块的脚本时，由于将文本转化为语音需要一定的时间，听到的朗读语音可能会有延迟，再次运行脚本就能听到正常的朗读效果了。

 试一试：神秘的礼物

　　亮亮的生日到了，爸爸准备送给亮亮一份神秘的礼物，下面就用前面所学的知识制作一个小动画来表现父子俩对话的场景。在编程时，利用"使用（）嗓音"积木块为角色分别设置符合其特征的声音，再用"朗读（）"积木块依次设置对话的内容。

素材文件 ▷ 实例文件 \ 09 \ 素材 \ 爸爸.svg、亮亮.svg
程序文件 ▷ 实例文件 \ 09 \ 源文件 \ 神秘的礼物.sb3

01 | 创建新作品，添加背景素材库中的"Room 2"背景。删除默认的"角色 1"角色，上传自定义的"爸爸"和"亮亮"角色，并将角色移到合适的位置。

02 | 选中"爸爸"角色，为其编写脚本。当单击 ▶ 按钮时，将"爸爸"角色的嗓音设置为"男高音"。

① 添加"事件"模块下的"当 ▶ 被点击"积木块

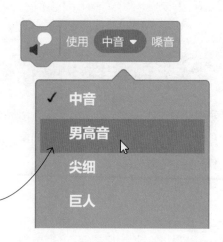

② 添加"文字朗读"扩展模块下的"使用（）噪音"积木块

③ 单击下拉按钮，在展开的列表中选择"男高音"选项

03 设置爸爸要说的第 1 句台词。

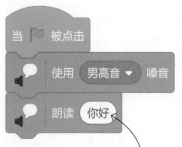

① 添加"文字朗读"扩展模块下的"朗读（）"积木块

② 将"朗读（）"积木块框中的文字更改为"亮亮，爸爸给你准备了一份礼物。"

04 爸爸说完第 1 句台词后，要等亮亮说完第 1 句台词，再接着说自己的第 2 句台词。等待的时间要根据亮亮的第 1 句台词的长度来合理设置。使用相同的思路编写脚本，让爸爸说完其余的台词。

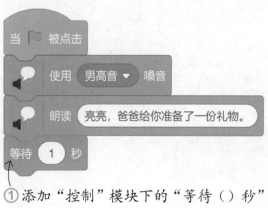

① 添加"控制"模块下的"等待（）秒"积木块

② 将"等待（）秒"积木块框中的数值更改为 4

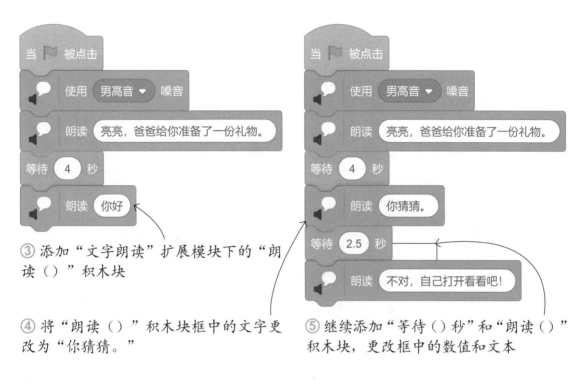

③ 添加"文字朗读"扩展模块下的"朗读（）"积木块

④ 将"朗读（）"积木块框中的文字更改为"你猜猜。"

⑤ 继续添加"等待（）秒"和"朗读（）"积木块，更改框中的数值和文本

05 为了便于看到对话的内容，利用"说（）（）秒"积木块在舞台上显示台词文本。

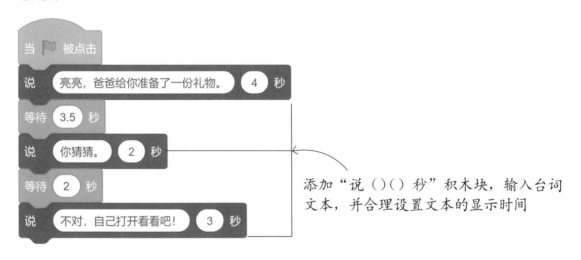

添加"说（）（）秒"积木块，输入台词文本，并合理设置文本的显示时间

06 选中"亮亮"角色，为其编写脚本。脚本的编写思路与"爸爸"角色类似，不同的是，要将嗓音设为"尖细"，然后根据对话内容调整等待时间和朗读内容，以及台词文本的显示内容和显示时间。

183

设置亮亮的朗读嗓音为"尖细"

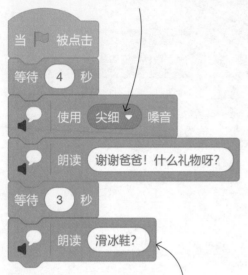

根据程序设定依次朗读的对话内容

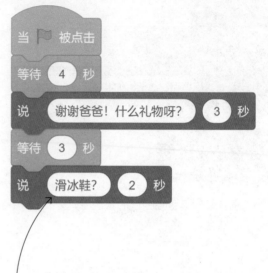

利用"说（）（）秒"积木块，以会话气泡的形式显示对话内容

神奇的画笔

在 Scratch 中，每个角色都拥有一支看不见的画笔。我们可以利用"画笔"扩展模块下的积木块来控制这支画笔，在舞台上绘制出漂亮的图案。

落笔与抬笔

我们在画画时，实际上是在重复"落下画笔→移动画笔→抬起画笔"的过程，在 Scratch 中也是利用相同的原理来绘画的。"移动画笔"通过移动角色来实现，相应的积木块主要位于"运动"模块下，在第 4 章已经讲解过。而"落下画笔"和"抬起画笔"则分别通过"画笔"扩展模块下的"落笔"和"抬笔"积木块来实现。将画笔的状态设为"抬笔"时，移动角色，角色不会在舞台上留下任何轨迹，如下左图所示；将画笔的状态设为"落笔"时，移动角色，角色就会在舞台上绘制出移动的轨迹，如下右图所示。

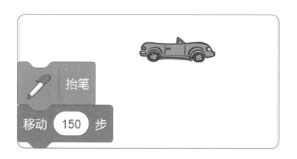 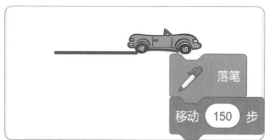

图章

使用"画笔"扩展模块下的"图章"积木块可以在舞台上复制角色的图像。这个积木块的功能有些类似于克隆，不同的是，它只是在舞台上留下角色的外观图像，这个图像是静止的，不具备脚本，不能产生动作。在舞台中添加一个甲虫角色，如下左图所示；然后为甲虫角色编写脚本，依次添加"图章"积木块和"移动（100）步"积木块，运行后可以看到，"图章"积木块复制出的角色图像留在原地，而甲虫角色则在"移动（100）步"积木块的操控下向右移动，如下右图所示。

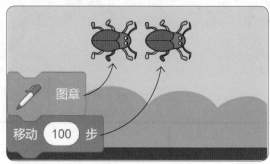

清空舞台上的图案

　　使用"全部擦除"积木块可以清除所有角色留在舞台上的画笔和图章痕迹。例如，先控制铅笔角色在舞台上绘制一些圆形，如下左图所示；然后运行"全部擦除"积木块，即可看到舞台上所有绘制的圆形都消失了，如下右图所示。

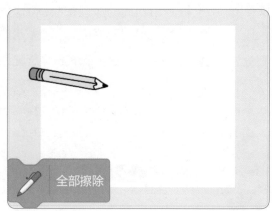

 试一试：我画你猜

　　下面利用前面所学的知识制作一个简单的绘画小程序。程序刚开始运行时，会显示一张空白的画板。按下空格键，舞台上会显示一支画笔，这支画笔会跟随鼠标移动。如果在移动画笔的过程中按下鼠标，就能绘制出线条。

素材文件 ▶ 实例文件 \ 10 \ 素材 \ 画板.svg
程序文件 ▶ 实例文件 \ 10 \ 源文件 \ 我画你猜.sb3

01 创建新作品，上传自定义的"画板"背景。删除默认的"角色 1"角色，然后添加角色素材库中的"Pencil"角色。

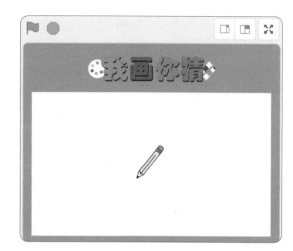

02 设置"Pencil"角色的大小为 50，然后切换到"造型"选项卡，将笔尖移到绘图区的中心点位置。

① 输入大小为 50

角色	Pencil	x	56	y	38

⊙	∅	大小	50	方向	90

② 单击"选择"工具

③ 将笔尖移到中心点

03 切换到"代码"选项卡，单击左下角的"添加扩展"按钮，在打开的窗口中单击"画笔"扩展模块，将其添加到积木块分类区。

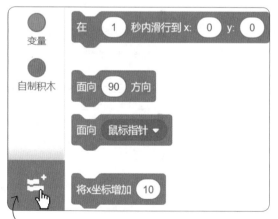

① 单击"添加扩展"按钮

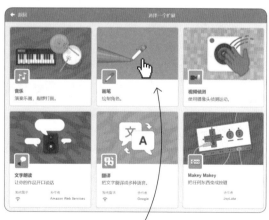

② 单击"画笔"扩展模块

04 选中 "Pencil" 角色，为其编写脚本。当单击 🚩 按钮时，隐藏角色，并擦除舞台中所有已绘制的图案。

① 添加 "事件" 模块下的 "当 🚩 被点击" 积木块

② 添加 "外观" 模块下的 "隐藏" 积木块

③ 添加 "画笔" 扩展模块下的 "全部擦除" 积木块

05 当按下空格键时重新显示 "Pencil" 角色。

① 添加 "事件" 模块下的 "当按下 (空格) 键" 积木块

② 添加 "外观" 模块下的 "显示" 积木块

06 构造一个无限循环，将 "Pencil" 角色不断地移到鼠标指针所在的位置，实现画笔跟随鼠标移动的效果。

① 添加 "控制" 模块下的 "重复执行" 积木块

② 添加 "运动" 模块下的 "移到 ( )" 积木块

③ 单击下拉按钮，在展开的列表中选择 "鼠标指针" 选项

07

根据鼠标是否处于按下状态来设置画笔的状态。如果按下鼠标，则将画笔设为"落笔"状态，此时移动画笔就可进行绘制；否则将画笔设为"抬笔"状态，结束绘制。

① 添加"控制"模块下的"如果……那么……否则……"积木块

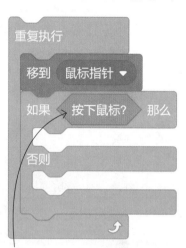

② 将"侦测"模块下的"按下鼠标？"积木块拖到"如果……那么……否则……"积木块的条件框中

③ 添加"画笔"扩展模块下的"落笔"积木块

⑤ 将脚本组合起来

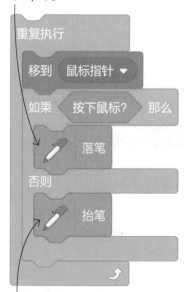

④ 添加"画笔"扩展模块下的"抬笔"积木块

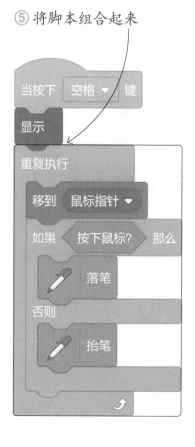

画笔颜色设置

颜色在绘画中起着非常重要的作用，不同的颜色可以表现出不同的画面效果。"画笔"扩展模块下有 3 个用于设置画笔颜色的积木块，分别是"将笔的颜色设为（）""将笔的（）设为（）""将笔的（）增加（）"。

指定画笔的颜色

使用"将笔的颜色设为（）"积木块可以直接为画笔指定新的颜色。为该积木块选取颜色的方法和第 6 章介绍的"碰到颜色（）？"积木块类似。单击积木块中的颜色块，就会展开一个颜色设置面板，如下左图所示；通过拖动面板中的"颜色""饱和度""亮度"3 个滑块，就可以更改画笔的颜色，如下右图所示。

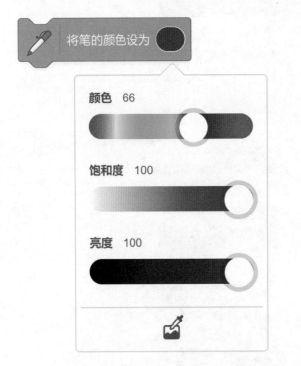
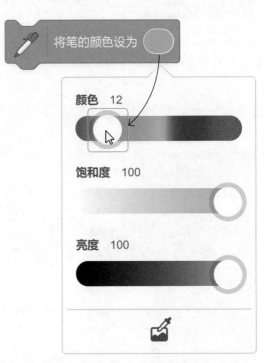

除了拖动滑块设置画笔颜色，还可以使用"吸管"工具提取舞台中的背景或角色上的颜色作为画笔的颜色。单击颜色设置面板底部的"吸管"工具，如下左图所示；然后将鼠标指针移到舞台上单击，就能将单击处的颜色"吸取"到积木块的颜色块中，如下右图所示。

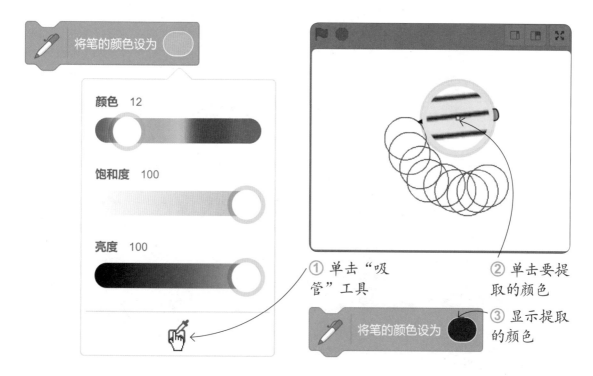

① 单击"吸管"工具

② 单击要提取的颜色

③ 显示提取的颜色

更改画笔颜色的属性

从前面讲解的颜色设置面板可以知道，画笔的颜色是由"颜色""饱和度""亮度"这3个属性的大小共同决定的，如果想要单独更改某一个属性的值，则要使用"将笔的（）设为（）"和"将笔的（）增加（）"积木块。前者是为属性直接指定一个新的值，后者则是让属性在当前值的基础上改变指定的量。在这两个积木块的下拉列表框中可以选择要更改的属性，如下左图和下右图所示。可以看到，这两个积木块除了能更改"颜色""饱和度""亮度"，还能更改"透明度"。

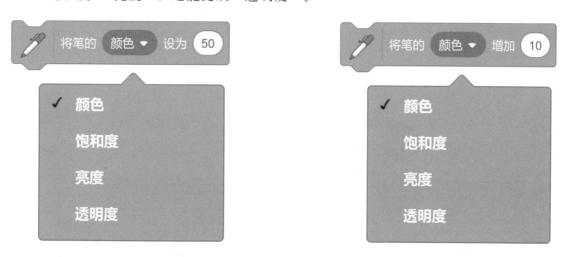

下面以更改"颜色"属性为例，讲解这两个积木块的用法。"颜色"属性的取值范围是 0~99 之间的整数，分别对应 100 种颜色，从红色开始，按照彩虹的颜色顺序变化，如果设定的数值超出这个范围，则会在这 100 种颜色中循环变化，如下图所示。

先来看"将笔的（）设为（）"积木块，它能直接为"颜色"属性指定一个值。添加"将笔的（）设为（）"积木块后，在下拉列表框中选择"颜色"，然后在输入框中输入数值，就可以将画笔设置为与数值对应的颜色，如下左图和下右图所示。

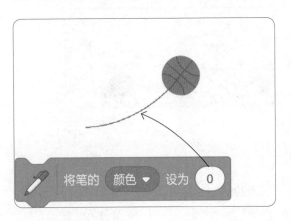

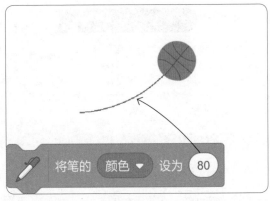

再来看"将笔的（）增加（）"积木块，它是在当前"颜色"属性值的基础上增加或减少指定的量，使画笔颜色发生变化，如从红到紫、从紫到蓝等。先用"将笔的颜色设为（）"积木块将画笔颜色设置为绿色，移动角色时可以看到绘制出绿色的线条，如下左图所示；再添加"将笔的（）增加（）"积木块，在下拉列表框中选择"颜色"，然后在输入框中输入数值 30，再次移动角色，可以看到绘制出的线条颜色变为蓝色，如下右图所示。

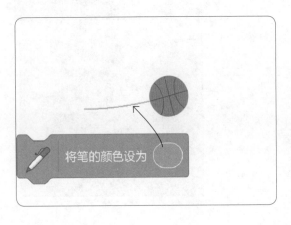

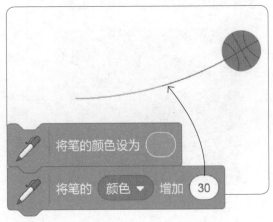

用这两个积木块更改"饱和度""亮度""透明度"属性的方法和上面类似，这里不再赘述。

画笔粗细设置

画笔的粗细决定了绘制出的线条的粗细。使用"画笔"扩展模块下的"将笔的粗细设为（）"和"将笔的粗细增加（）"积木块可以设置画笔的粗细。

🔅 指定画笔的粗细

使用"将笔的粗细设为（）"积木块可以为画笔指定一个新的粗细值，而不管之前的粗细值为多少。该积木块的用法也很简单，在输入框中输入需要的数值即可，输入的数值越大，画笔就越粗。

添加"将笔的粗细设为（）"积木块，输入数值 2 时，绘制出的线条粗细效果如下左图所示；输入数值 20 时，绘制出的线条粗细效果如下右图所示。

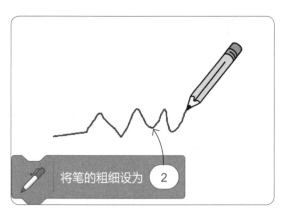
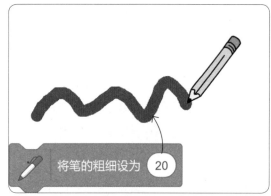

在 Scratch 3 中，画笔的粗细值理论上没有上限，如果输入的数值小于 1，则自动按 1 处理。

🔅 增大 / 减小画笔的粗细

使用"将笔的粗细增加（）"积木块可以将画笔粗细在当前值的基础上增大或减小指定的量，输入正数时，画笔变粗，输入负数时，画笔变细。

如果我们想要让画笔呈现逐渐变粗或逐渐变细的效果，可以把"将笔的粗细增加（）"积木块嵌入循环类积木块中。

先用"将笔的粗细设为（）"积木块将画笔粗细设为 5，移动角色，可以看到绘制出的线条较细，如下左图所示；添加"将笔的粗细增加（）"积木块，输入数值 20，再移动角色，可以看到绘制出的线条变粗了，如下右图所示。

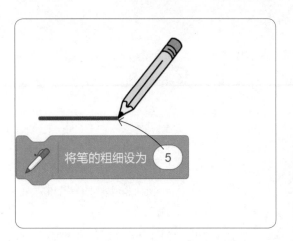
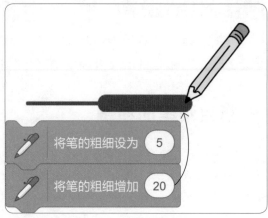

 试一试：绘制美丽的窗花

大多数窗花图案都是对称的，由多个重复的简单几何图形组成。下面就来利用"画笔"扩展模块下的积木块绘制一幅美丽的窗花图案。在编写脚本时，根据窗花的特点设置画笔的颜色和粗细，然后利用循环类积木块重复执行多次旋转和移动角色的操作，完成窗花图案的绘制。

> **素材文件** 无

> **程序文件** 实例文件 \ 10 \ 源文件 \ 绘制美丽的窗花.sb3

01 创建新作品，删除默认的"角色 1"角色，以"绘制"的方式创建新的"角色 1"角色，使用"圆"工具在画布的中心点绘制一个黑色的小圆点。

绘制角色

02 选中"角色1"角色，为其编写脚本。当单击▸按钮时，清除舞台中所有已绘制的图案。

① 添加"事件"模块下的"当▸被点击"积木块

② 添加"画笔"扩展模块下的"全部擦除"积木块

03 窗花通常是红色的，因此，接着将画笔颜色设为红色。

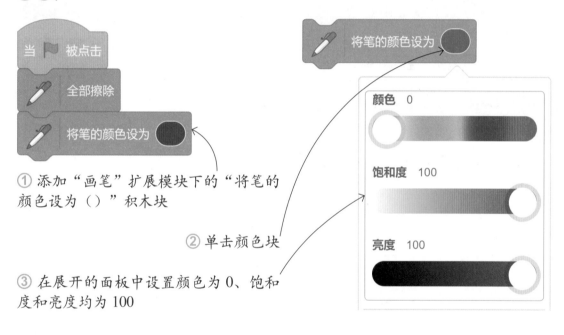

① 添加"画笔"扩展模块下的"将笔的颜色设为（）"积木块

② 单击颜色块

③ 在展开的面板中设置颜色为0、饱和度和亮度均为100

04 为画笔设置适当的粗细值，然后抬起画笔，准备开始绘画。

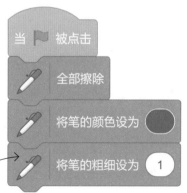

① 添加"画笔"扩展模块下的"将笔的粗细设为（）"积木块

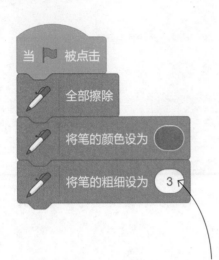

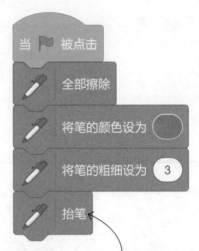

② 把"将笔的粗细设为（ ）"积木块框中的数值更改为3

③ 添加"画笔"扩展模块下的"抬笔"积木块

05 当按下键盘中的任意键时开始绘画。先将角色移到舞台中间位置，作为绘画的起点，然后落下画笔。

① 添加"事件"模块下的"当按下（ ）键"积木块

② 单击下拉按钮，在展开的列表中选择"任意"选项

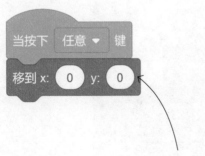

③ 添加"运动"模块下的"移到 x:（0）y:（0）"积木块

④ 添加"画笔"扩展模块下的"落笔"积木块

06 要绘制的窗花有 12 片"花瓣"，每片"花瓣"由 5 根线条组成，因此，先构造一个双层嵌套的限次循环。

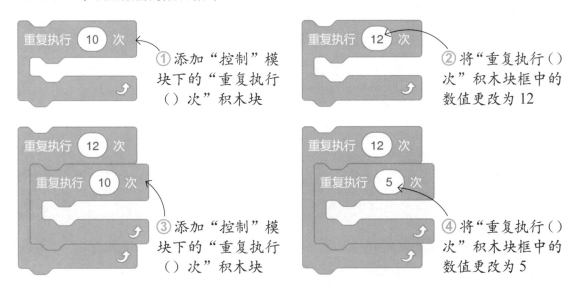

07 在内层循环中让角色重复执行 5 次"移动 45 步→顺时针旋转 60°"的操作，完成一片"花瓣"的绘制；然后在外层循环中让角色顺时针旋转 30°，准备绘制下一片"花瓣"；这样重复执行 12 次，完成整幅窗花的绘制。

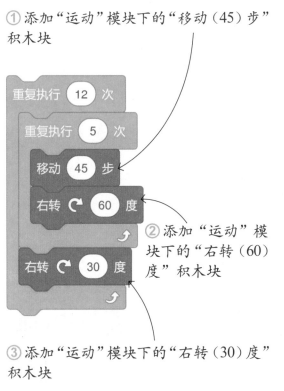

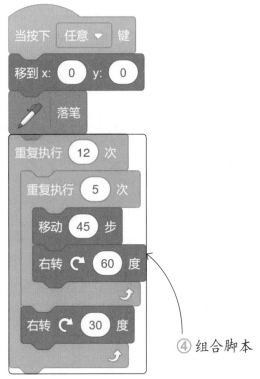

人工智能实战应用

人工智能的浪潮正在席卷全球。对于孩子来说，初次接触人工智能，最好的切入点就是我们平时常见的人工智能应用，如图像识别、语音识别、文字识别等。本章将结合 IBM Watson 平台和 Machine Learning for Kids 平台，利用人工智能中的机器学习技术制作两个小程序。

注册和设置人工智能应用平台

Watson 平台是 IBM Cloud 平台提供的一项服务。IBM Cloud 平台的网址是 https://cloud.ibm.com/，该平台基于大数据和机器学习技术，提供免费和付费的人工智能服务。要让孩子初步了解人工智能的应用，使用该平台提供的免费服务就足够了。

Machine Learning for Kids（以下简称 ML 平台）是一个主要面向儿童的机器学习网站，网址为 https://machinelearningforkids.co.uk。ML 平台配合 IBM Watson 平台可以实现最基础的机器学习编程应用。

要使用 IBM Watson 平台，需进行的操作主要有：

① 注册和登录 IBM Cloud 平台账户；

② 获取 Watson 平台的 API Key。

要使用 ML 平台，需进行的操作主要有：

① 注册和登录 ML 平台账户；

② 在 ML 账户中绑定前面获取的 Watson 平台的 API Key。

为了更好地讲解上述操作，本书制作了一个教学视频，用手机微信扫描右侧二维码即可在线观看。请大家先按照视频的讲解完成上述操作，再学习后续内容。

试一试：石头剪刀布

完成两个平台的注册和设置，就可以正式开始制作机器学习项目了。先来制作一个和计算机玩"石头剪刀布"的小游戏。在游戏中，玩家在摄像头前出拳，程序则通过图像识别技术识别玩家的出拳手势，并与计算机的出拳手势对比，最终判定输赢。

进行图像识别的机器学习

这个游戏利用图像识别技术识别出拳内容，因此，我们需要在 ML 平台中创建机器学习模型，然后添加各种出拳手势的图像素材，对模型进行图像识别的训练。

01 先创建一个机器学习项目。在 ML 平台登录之前注册的账号，在首页单击"转到项目"按钮，跳转到"你的机器学习项目"页面，单击"添加一个新项目"按钮。

① 单击"转到项目"按钮

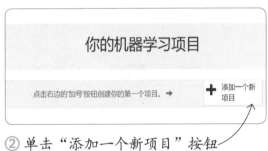

② 单击"添加一个新项目"按钮

02 在新页面"开始一个新的机器学习项目"中需要设置项目的名称及学习的类型。在"项目名称"中输入"scissors"，单击"识别"选项，在弹出的列表中选择"图像"选项，最后单击右下角的"创建"按钮。

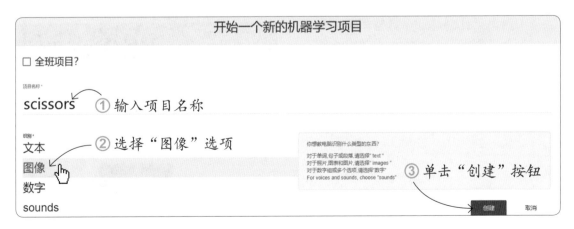

技巧提示 │ 项目的命名规则

项目名称只能由英文字母、数字或符号组成，汉字和中文符号会被视为无效。

03 返回"你的机器学习项目"页面，在列表中可以看到刚才创建的项目"scissors"。单击该项目，在跳转到的新页面中单击"训练"按钮。

① 单击项目

② 单击"训练"按钮

04 在进行机器学习训练之前，我们需要对学习素材进行分类，并分别设置好标签。这个游戏中要识别的出拳手势有"石头""剪刀""布"3种，因此创建3个标签，分别命名为"rock""scissors""paper"。单击"添加新标签"按钮，在"输入要识别的新标签"中输入标签名"rock"，然后单击"添加"按钮。

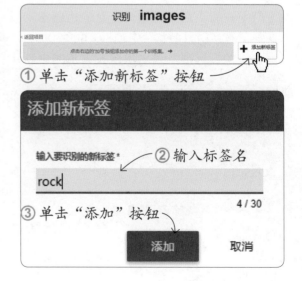

05 使用相同的方法继续添加标签"scissors"和"paper"。

06 创建好标签后，接着要在每个标签下添加对应的图像素材。这个游戏识别的图像内容来自摄像头，所以需要通过摄像头来获取图像素材。在计算机上连接好摄像头并确认其能正常工作，然后在"rock"标签框下方单击"摄像头"按钮，启动摄像头。在弹出的窗口中会显示摄像头拍摄到的图像，用手在摄像头前做出与"rock"标签对应的手势"石头"，再单击"添加"按钮。

① 单击"摄像头"按钮

② 单击"添加"按钮

07 "石头"的手势图像就被记录在了"rock"标签框中。再次单击"摄像头"按钮，重复拍摄的操作，为"rock"标签添加 10 个图像素材。需要注意的是，拍摄时摄像头中尽量不要出现无关的物体，同时每个素材中的手势要有一定的角度和距离的变化。

① 添加的图像素材

② 继续添加素材，直到素材数为 10

08 使用相同的方法为"scissors"和"paper"标签添加图像素材。

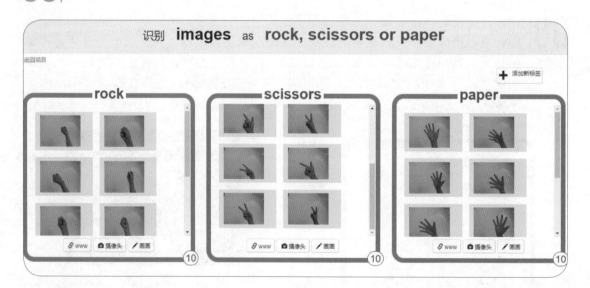

技巧提示｜图像素材的数量要求

　　每个标签的图像素材数量不得少于 10 个，图像素材添加得越多，机器识别图像的精准度就越高。本案例中可适当增加"scissors"标签的素材个数，以提高图像识别的准确率。

09 下面要利用添加的图像素材对机器学习模型进行训练。单击页面左上方的"返回项目"链接，返回项目主页，单击该页面中的"学习和测试"按钮。

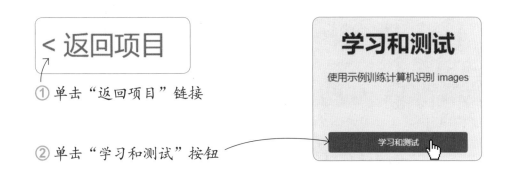

① 单击"返回项目"链接

② 单击"学习和测试"按钮

10 跳转到"机器学习模型"页面，我们可以看到前面收集的图像素材的统计数据。
单击"培养新机器学习模式"按钮，开始训练模型。

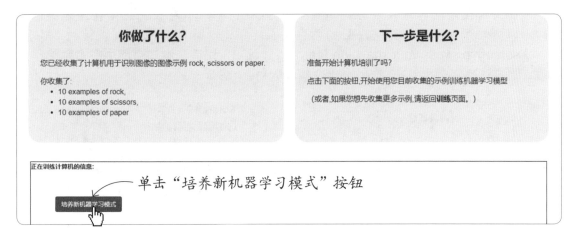

单击"培养新机器学习模式"按钮

11 模型训练开始后，ML 平台会自动调用 IBM Watson 平台，利用前面收集的图像
素材进行图像识别的学习。等待几分钟之后，模型训练结束。这时可以单击"使
用摄像头进行测试"按钮，测试训练的效果。

单击"使用摄像头进行测试"按钮

12 启动摄像头后，我们在摄像头前做出手势，再单击"TEST"按钮，计算机就会
识别摄像头中的图像是哪一种手势，并显示识别的结果。例如，在摄像头前做出"石
头"的手势，再单击"TEST"按钮，计算机识别出摄像头中的图像为"rock"，
准确率为 87%。这个模型识别"paper"的准确率较高，识别"scissors"的准
确率较低，可以适当增加"scissors"标签的素材数量，以提高图像识别的准确率。

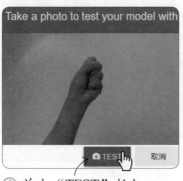

① 单击"TEST"按钮

② 查看测试结果

13 如果对模型的训练效果感到满意，就可以在 Scratch 中使用这个模型来编程。单击"返回项目"链接，回到项目主页，单击"Make"按钮，跳转到"Make something with your machine learning model"页面，在该页面中有多种编程入口可以选择，这里选择 Scratch 3 编程入口。

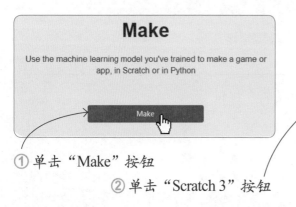

① 单击"Make"按钮

② 单击"Scratch 3"按钮

14 跳转到"在 Scratch 3 中使用机器学习"页面，其中介绍了如何在 Scratch 3 中使用训练好的机器学习模型积木块来编程。

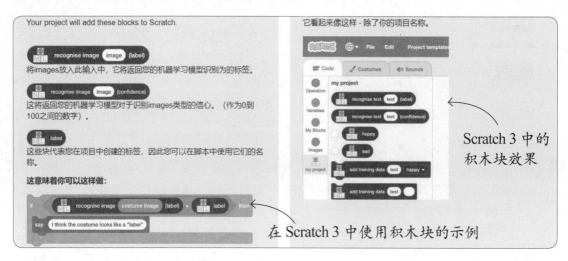

Scratch 3 中的积木块效果

在 Scratch 3 中使用积木块的示例

15 单击页面中的"Open in Scratch 3"按钮，打开 ML 平台提供的 Scratch 3 在线编辑界面，在积木块分类区可以看到新增了机器学习模型生成的模块"Images"和"scissors"，接下来就可以使用这两个模块下的积木块进行编程。

③ 查看新增模块下的积木块

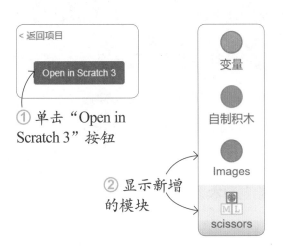

① 单击"Open in Scratch 3"按钮

② 显示新增的模块

💡 在 Scratch 中制作游戏

完成机器学习模型的创建与训练后，就可以开始编写"石头剪刀布"的小游戏了。在程序中获取摄像头的图像，并利用训练好的模型进行图像识别，得到玩家的出拳手势，计算机的出拳手势则通过随机数来产生，最后根据游戏规则判断输赢。

01 用默认的"角色 1"角色作为代表玩家的角色，修改角色的名称和坐标位置。在"造型"选项卡下将"造型 1"重命名为"玩家"。

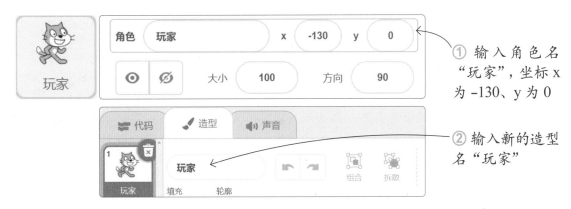

① 输入角色名"玩家"，坐标 x 为 –130、y 为 0

② 输入新的造型名"玩家"

02 为了更好地操控摄像头，需要使用"视频侦测"扩展模块下的积木块。在积木块分类区左下角单击"添加扩展"按钮，将"视频侦测"扩展模块添加到积木块分类区。

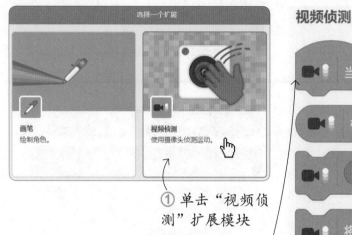

① 单击"视频侦测"扩展模块

② 添加的积木块

视频侦测

03 创建一个自定义积木块，用于获取摄像头拍摄到的图像。

自制积木

① 在"自制积木"模块下单击"制作新的积木"按钮

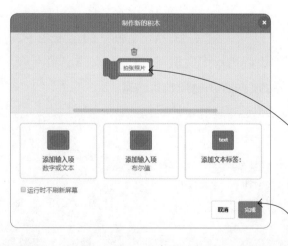

② 输入自制积木块的名称"拍张照片"

③ 单击"完成"按钮

04 为自定义积木块编写脚本，以实现其功能。先开启摄像头，再将视频画面设置为完全不透明，在舞台上正常显示摄像头拍摄的实时视频画面，以方便玩家拍摄自己的出拳图像。

① 添加"视频侦测"扩展模块下的"（开启）摄像头"积木块

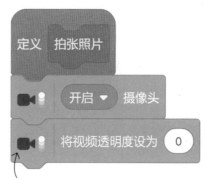

② 添加"视频侦测"扩展模块下的"将视频透明度设为（0）"积木块

05 添加"事件"模块下的"广播（）"积木块，创建新消息"拍张照片"，通知其他角色执行一定的操作（如隐藏起来），为玩家拍摄出拳图像提供便利。

① 输入新消息的名称"拍张照片"

② 单击"确定"按钮

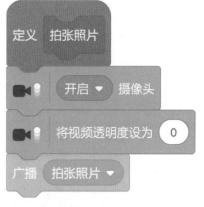

06 隐藏"玩家"角色，然后等待 3 秒，让玩家有足够的时间在摄像头前摆好出拳手势，接着使用"Images"模块下的"save screenshot to costume"积木块截取摄像头拍摄到的图像并存储为"玩家"角色的当前造型。

① 添加"外观"模块下的"隐藏"积木块

② 添加"控制"模块下的"等待（3）秒"积木块

③ 添加"Images"模块下的"save screenshot to costume"积木块

07 拍摄完玩家的出拳图像后,广播消息"拍照结束",通知其他角色执行后续操作。这样就完成了"拍张照片"自制积木块的制作。

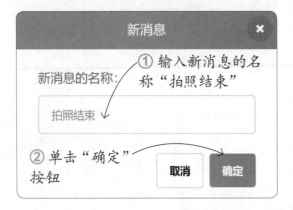

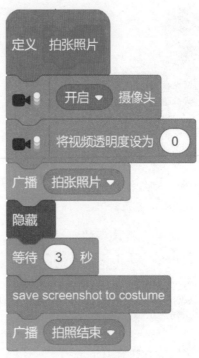

08 应用制作好的"拍张照片"自制积木块编写脚本。通过按下键盘上的任意键来启动这个积木块。

① 添加"事件"模块下的"当按下()键"积木块

② 单击下拉按钮,在展开的列表中选择"任意"选项

③ 添加"自制积木"模块下的"拍张照片"积木块

09 拍摄到玩家出拳的图像后，需要将这个图像显示在游戏界面中。因为这个图像存储在"玩家"角色的造型中，所以只需将"玩家"角色显示出来即可。在接收到"拍照结束"消息后，先关闭摄像头，再将"玩家"角色移动到适当的位置，以适当的大小显示出来，最后广播消息"出拳"，通知其他角色玩家已经出拳。

① 添加"事件"模块下的"当接收到（拍照结束）"积木块

② 添加"视频侦测"扩展模块下的"（关闭）摄像头"积木块

③ 添加"运动"模块下的"移到 x:（–130）y:（0）"积木块

④ 添加"外观"模块下的"将大小设为（30）"和"显示"积木块

⑤ 添加"事件"模块下的"广播（出拳）"积木块

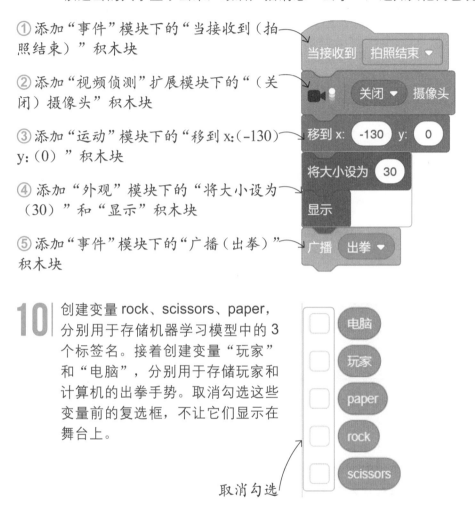

10 创建变量 rock、scissors、paper，分别用于存储机器学习模型中的 3 个标签名。接着创建变量"玩家"和"电脑"，分别用于存储玩家和计算机的出拳手势。取消勾选这些变量前的复选框，不让它们显示在舞台上。

取消勾选

11 当单击▶按钮时，开始将机器学习模型中的 3 个标签名分别赋给变量 rock、scissors、paper。3 个标签名分别存储在机器学习模型生成的"scissors"模块下的"ML | rock""ML | scissors""ML | paper"积木块中。因此，先添加"事件"模块下的"当▶被点击"积木块，然后添加"变量"模块下的"将（）设为（）"积木块，在下拉列表框中选择"rock"选项，再将"scissors"模块下的"ML | rock"积木块拖到"将（rock）设为（）"积木块的框中。

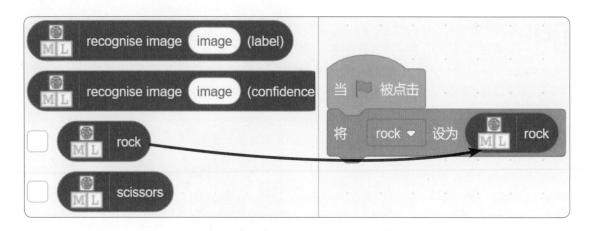

12 使用相同的方法，继续为变量 paper 和 scissors 赋值。

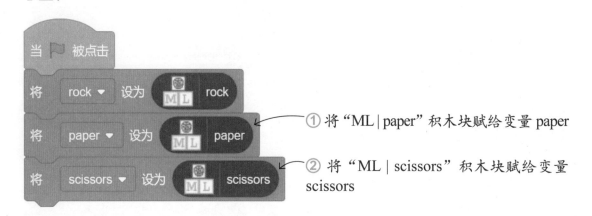

① 将"ML | paper"积木块赋给变量 paper

② 将"ML | scissors"积木块赋给变量 scissors

13 接收到"出拳"消息后，开始运用机器学习模型识别玩家的出拳是哪种手势。"玩家"角色的当前造型就是玩家的出拳图像，利用"Images"模块下的"costume image"积木块可以获取该图像；而"scissors"模块下的"ML | recognise image（）(label)"积木块则可对指定图像进行识别，判定图像的内容属于哪个标签。因此，利用"ML | recognise image（）(label)"积木块对"costume image"积木块中存储的图像进行识别，并将识别得到的标签赋给变量"玩家"。

① 添加"事件"模块下的"当接收到（出拳）"积木块

② 添加"变量"模块下的"将（玩家）设为（）"积木块

③ 添加"scissors"模块下的"ML | recognise image（）(label)"积木块

④ 添加"Images"模块下的"costume image"积木块

14 广播消息"结果"，通知其他角色图像识别完毕。

添加"事件"模块下的"广播（结果）"积木块

15 让"玩家"角色以思考气泡的形式显示图像识别的结果。

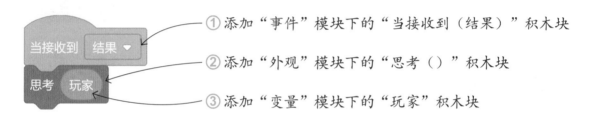

① 添加"事件"模块下的"当接收到（结果）"积木块

② 添加"外观"模块下的"思考（）"积木块

③ 添加"变量"模块下的"玩家"积木块

16 设置"玩家"角色在游戏刚开始时的状态。通过单击 ▶ 按钮开始游戏的运行，关闭摄像头，将"玩家"角色换成小猫的造型，然后在适当的位置以适当的大小显示出来，并说出提示如何操作的文字。

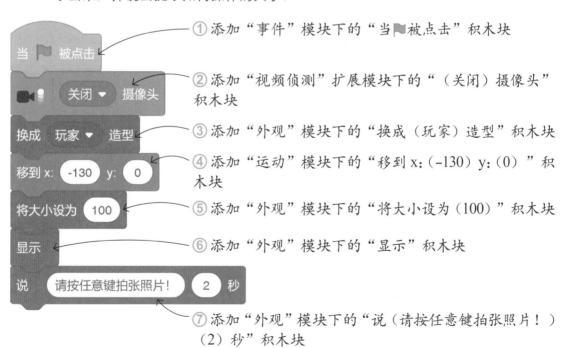

① 添加"事件"模块下的"当 ▶ 被点击"积木块

② 添加"视频侦测"扩展模块下的"（关闭）摄像头"积木块

③ 添加"外观"模块下的"换成（玩家）造型"积木块

④ 添加"运动"模块下的"移到 x：（–130）y：（0）"积木块

⑤ 添加"外观"模块下的"将大小设为（100）"积木块

⑥ 添加"外观"模块下的"显示"积木块

⑦ 添加"外观"模块下的"说（请按任意键拍张照片！）（2）秒"积木块

17 开始制作代表计算机出拳的角色。上传自定义的 "rock" 角色，修改角色名称、坐标和大小，在 "造型" 选项卡下为该角色继续上传自定义的 "paper" "scissors" "问号" 造型。

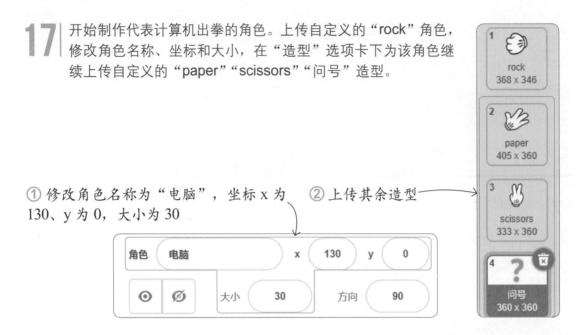

① 修改角色名称为 "电脑"，坐标 x 为 130、y 为 0，大小为 30　② 上传其余造型

18 为 "电脑" 角色编写脚本。当单击 ▶ 按钮时，将 "电脑" 角色移到指定位置，并利用变量 "电脑" 将 "电脑" 角色的初始造型设置为 "问号" 造型。

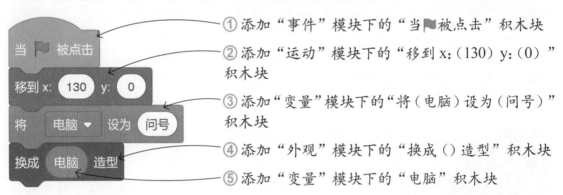

① 添加 "事件" 模块下的 "当▶被点击" 积木块

② 添加 "运动" 模块下的 "移到 x：(130) y：(0)" 积木块

③ 添加 "变量" 模块下的 "将 (电脑) 设为 (问号)" 积木块

④ 添加 "外观" 模块下的 "换成 () 造型" 积木块

⑤ 添加 "变量" 模块下的 "电脑" 积木块

19 猜拳游戏中双方的出拳都应该是随机的，这里利用随机数来设置计算机的出拳。当接收到 "出拳" 消息后，随机生成一个 1～3 之间的整数，并赋给变量 "电脑"。

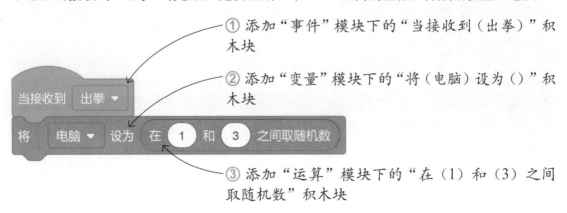

① 添加 "事件" 模块下的 "当接收到 (出拳)" 积木块

② 添加 "变量" 模块下的 "将 (电脑) 设为 ()" 积木块

③ 添加 "运算" 模块下的 "在 (1) 和 (3) 之间取随机数" 积木块

20 随机数 1、2、3 分别对应出拳手势 "rock" "paper" "scissors"。将生成的随机数转换为对应的出拳手势名称，并赋给变量 "电脑"。然后利用变量 "电脑" 设置 "电脑" 角色的造型。

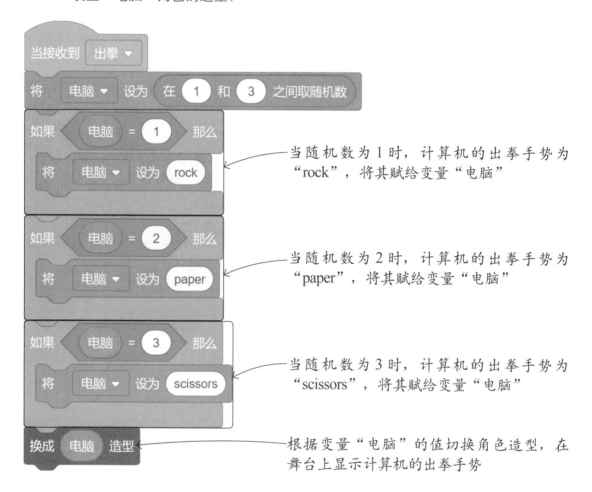

当随机数为 1 时，计算机的出拳手势为 "rock"，将其赋给变量 "电脑"

当随机数为 2 时，计算机的出拳手势为 "paper"，将其赋给变量 "电脑"

当随机数为 3 时，计算机的出拳手势为 "scissors"，将其赋给变量 "电脑"

根据变量 "电脑" 的值切换角色造型，在舞台上显示计算机的出拳手势

 技巧提示 | 注意值与造型名称的一致性

因为这里要根据变量 "电脑" 的值切换造型，所以为变量 "电脑" 所赋的值要与 "电脑" 角色的 3 个出拳手势的造型名称一一对应。大家在编程时一定要仔细检查，不要输错。

21 为 "电脑" 角色编写其余脚本，主要是在游戏的不同阶段控制该角色在舞台上的显示效果。

启动游戏时，以适当
的大小显示角色

当玩家需要拍摄出拳
图像时，隐藏角色

当拍摄结束时，重新
显示角色

22 制作完"玩家"和"电脑"角色后，还需要制作一个判定输赢的角色。以"绘制"
的方式创建新角色，在"造型"选项卡下使用"文本"工具输入文字。在造型列
表中将创建的造型的名称修改为"玩家胜"。

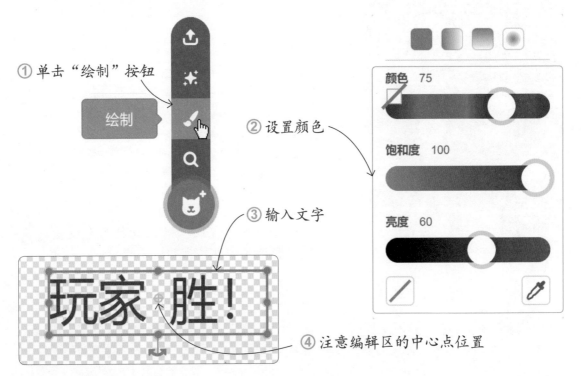

① 单击"绘制"按钮

绘制

② 设置颜色

③ 输入文字

④ 注意编辑区的中心点位置

23 复制上一步创建的"玩家胜"造型，在"造型"选项卡下使用"文本"工具修改
复制造型中的文字为"电脑 胜！"，最后修改造型名称为"电脑胜"。使用相
同的方法制作"打平"造型。

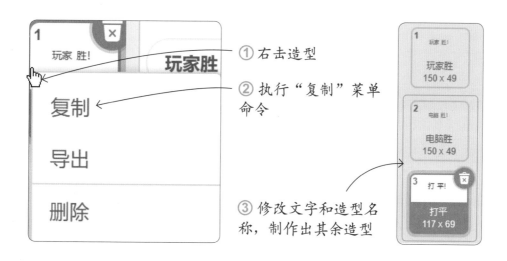

① 右击造型

② 执行"复制"菜单命令

③ 修改文字和造型名称，制作出其余造型

24 在角色列表中修改前面绘制好的角色的名称和坐标。

输入角色名"结果"，坐标 x 为 0、y 为 -125

25 开始为"结果"角色编写脚本。当玩家需要拍摄出拳图像时，隐藏"结果"角色。

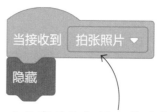

当玩家需要拍摄出拳图像时，隐藏角色

26 当收到代表图像识别完毕的"结果"消息时，显示"结果"角色，然后开始判断游戏的输赢。先进行玩家出拳手势为"rock"时的输赢判断。

先从玩家的出拳手势是"rock"时开始判断

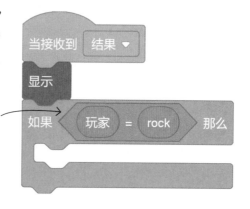

215

当玩家的出拳手势是"rock"时，如果计算机的出拳手势也是"rock"，则双方打成平手，并切换相应造型

当玩家的出拳手势是"rock"时，如果计算机的出拳手势是"paper"，则计算机胜，并切换相应造型

当玩家的出拳手势是"rock"时，如果计算机的出拳手势是"scissors"，则玩家胜，并切换相应造型

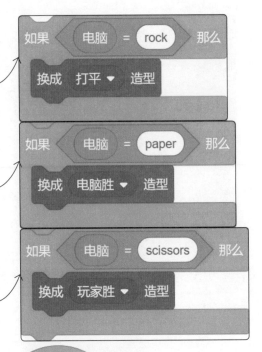

将两部分脚本组合在一起

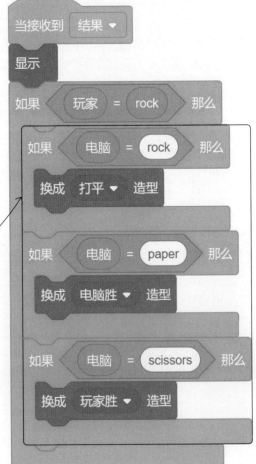

27 | 通过复制上一步编写的脚本并修改参数，完成玩家出拳手势分别为"paper"和"scissors"时的输赢判断。

① 右击"当接收到（结果）"积木块

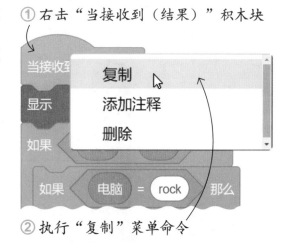

② 执行"复制"菜单命令

③ 粘贴复制的积木组

④ 将变量 rock 替换为 paper

⑤ 根据游戏规则修改要显示的造型

⑥ 再次复制并粘贴积木组

⑦ 将变量 rock 替换为 scissors

⑧ 根据游戏规则修改要显示的造型

28 在背景设置区为作品添加背景素材库中的"Rays"背景。到这里,这个游戏就制作完成了。

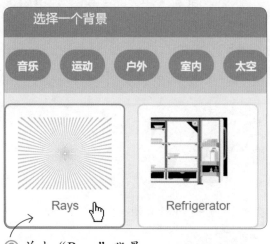

① 单击"选择一个背景"按钮

② 单击"Rays"背景

29 单击▶按钮,启动游戏,然后根据小猫给出的提示,按任意键启动摄像头,拍摄玩家的出拳手势。

30 在游戏界面中会显示摄像头拍摄到的图像是哪一种手势,同时显示计算机的出拳手势及游戏的输赢。

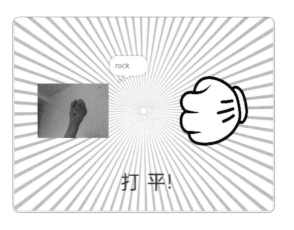

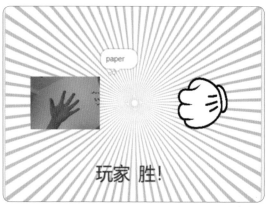

 试一试：趣游外太空

前面制作的猜拳游戏利用的是图像识别技术，下面要制作的游戏利用的则是语音识别技术：玩家对着麦克风说出语音指令，就可以控制游戏中宇航员的运动方向，最终让宇航员登上火箭飞船。和上一个游戏一样，这个游戏也需要先让机器进行语音识别的学习，再在 Scratch 3 中进行编程创作。

进行语音识别的机器学习

和上一个游戏一样，我们需要在 ML 平台中创建机器学习模型，然后在模型中添加需要让机器学习的音频素材，对模型进行语音识别的训练。在开始具体操作之前，要先在计算机上连接好麦克风，并确认其能正常工作。

01 先创建一个机器学习项目。在 ML 平台登录之前注册的账号，在首页单击"转到项目"按钮，跳转到"你的机器学习项目"页面，单击"添加一个新项目"按钮。

① 单击"转到项目"按钮

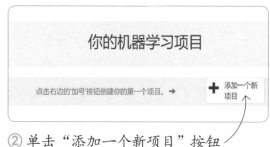

② 单击"添加一个新项目"按钮

02 在新页面"开始一个新的机器学习项目"中设置项目的名称及学习的类型。在"项目名称"中输入"move",单击"识别"选项,在弹出的列表中选择"sounds"选项,最后单击右下角的"创建"按钮。

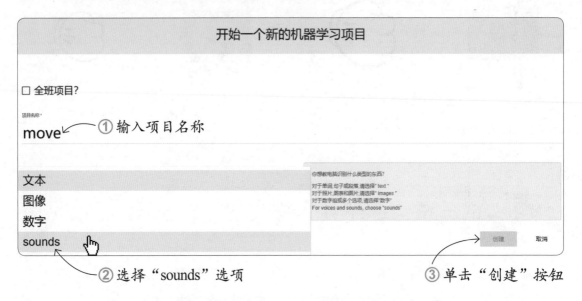

03 返回"你的机器学习项目"页面,在列表中可以看到刚才创建的项目"move"。单击该项目,在跳转到的新页面中单击"训练"按钮。

① 单击项目

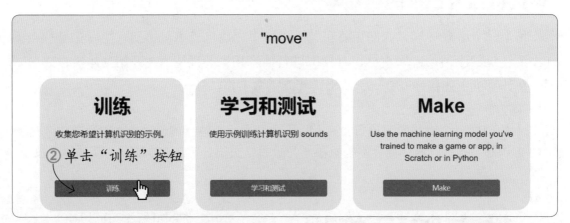

04 接下来需要对学习素材进行分类,并分别设置好标签。与图像识别项目有所不同的是,对于语音识别项目,ML 平台会默认创建"background noise"标签,它代表的是背景噪声。背景噪声简单来说是指与要识别的语音无关的声音,如麦克风接收到的周围环境中的杂音。背景噪声会影响语音识别的准确率,所以需要为其添加音频素材,让机器通过学习后能够分辨背景噪声和语音。

① 单击"添加示例"按钮

② 单击麦克风图标

05 录制完当前的背景噪声后，声波图像会显示在"添加示例"对话框中，再单击"添加"按钮，在"background noise"标签框中即可看到录制的背景噪声素材。

① 单击"添加"按钮

② 显示录制的素材

06 单击"添加新标签"按钮，添加 3 个新的标签"turn_left""turn_right""go"，分别用于记录控制角色向左移动、向右移动、向前移动的音频素材。然后利用各个标签框中的"添加示例"按钮，为各个标签录制用于学习的音频素材。录制之前要想好每个标签对应的语音指令。例如，如果想用中文语音下达指令，可以为"turn_left""turn_right""go"标签分别录制语音"向左""向右""前进"。录制其他语言的语音指令也是同样的道理。

① 输入标签名称

② 单击"添加"按钮

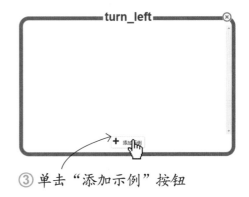

③ 单击"添加示例"按钮

07 和图像识别项目一样，为每个标签录制至少 10 个音频素材。

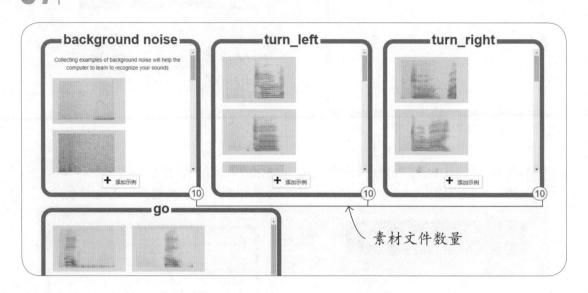

素材文件数量

08 录制完音频素材，就可以利用这些素材对机器学习模型进行训练。单击页面左上角的"返回项目"链接，返回项目主页，然后单击"学习和测试"按钮。

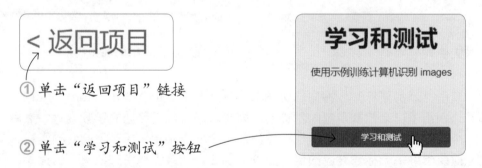

① 单击"返回项目"链接

② 单击"学习和测试"按钮

09 跳转到"机器学习模型"页面，我们可以看到前面录制的音频素材的统计数据。单击"培养新机器学习模式"按钮，开始训练模型。

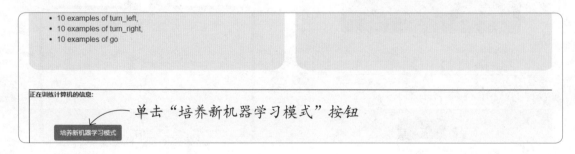

单击"培养新机器学习模式"按钮

10 等待几分钟之后，机器学习模型训练结束，这时可以单击"Start listening"按钮，测试训练的效果。

单击"Start listening"按钮

11 如果对模型的训练效果感到满意，就可以在 Scratch 中使用这个模型来编程。单击"返回项目"链接，回到项目主页，单击"Make"按钮，跳转到"Make something with your machine learning model"页面，在该页面中选择 Scratch 3 编程入口。

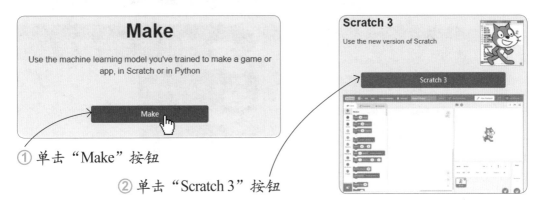

① 单击"Make"按钮

② 单击"Scratch 3"按钮

12 跳转到"在 Scratch 3 中使用机器学习"页面，其中介绍了如何在 Scratch 3 中使用训练好的机器学习模型积木块来编程。单击"Open in Scratch 3"按钮，进入 ML 平台提供的 Scratch 3 在线编辑界面。

单击"Open in Scratch 3"按钮

13 在 Scratch 3 编辑界面的积木块分类区可以看到通过机器学习创建的"move"模块，接下来就可以使用这个模块下的积木块进行编程。

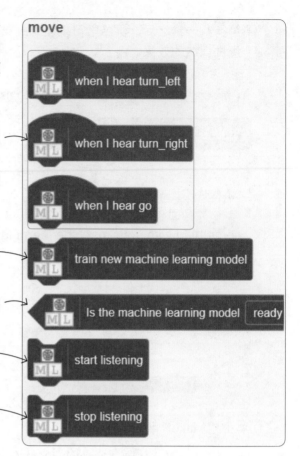

对音频素材进行学习后创建的积木块，功能为识别到属于某个标签的语音指令时触发相应的脚本运行

训练新的机器学习模型

判断机器学习模型是否可以使用

让麦克风开始工作

让麦克风停止工作

在 Scratch 中制作游戏

完成机器学习模型的创建与训练后，就可以开始编写游戏的脚本了。在程序中通过麦克风监听声音，并利用训练好的模型对声音进行语音识别，得到要让角色执行的指令，控制角色以不同方式运动。

01 添加角色素材库中的"Kiran"角色，并在角色列表中设置角色的坐标和大小。

① 单击"选择一个角色"按钮

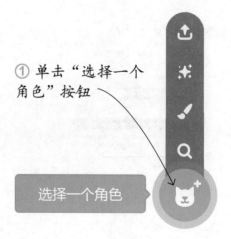

选择一个角色

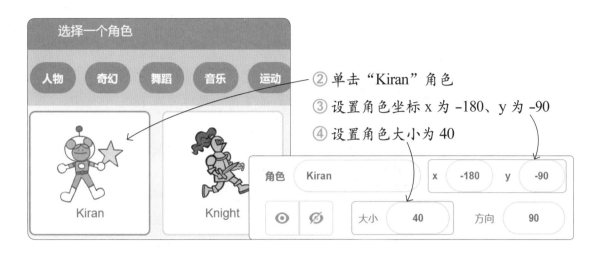

② 单击 "Kiran" 角色

③ 设置角色坐标 x 为 –180、y 为 -90

④ 设置角色大小为 40

02 切换到 "造型" 选项卡，删除不需要的 "Kiran-b" "Kiran-c" "Kiran-f" 造型，然后将 "Kiran-e" 造型重命名为 "Kiran-b"，将 "Kiran-d" 造型重命名为 "Kiran-c"，最后用鼠标拖动调整各个造型在造型列表中的顺序。

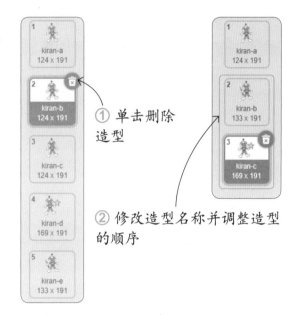

① 单击删除造型

② 修改造型名称并调整造型的顺序

03 添加角色素材库中的 "Rocketship" 角色，并在角色列表中设置角色的坐标和大小。

① 单击 "选择一个角色" 按钮

② 单击 "Rocketship" 角色

③ 设置角色坐标 x 为 180、y 为 10

④ 设置角色大小为 50

04 切换到"造型"选项卡，删除不需要的"rocketship-a""rocketship-b"造型，然后用鼠标拖动调整剩余的造型在造型列表中的顺序。

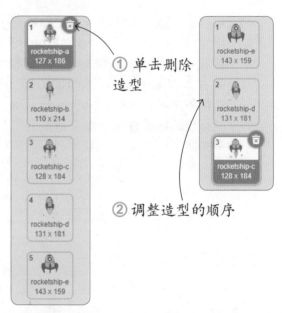

① 单击删除造型

② 调整造型的顺序

05 选中"Kiran"角色，为其编写脚本。当单击▶按钮时，让角色以适当的造型和角度显示在舞台左下角。

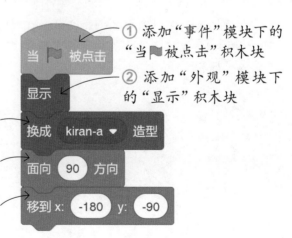

① 添加"事件"模块下的"当▶被点击"积木块

② 添加"外观"模块下的"显示"积木块

③ 添加"外观"模块下的"换成（kiran-a）造型"积木块

④ 添加"运动"模块下的"面向（90）方向"积木块

⑤ 添加"运动"模块下的"移到 x:（-180）y:（-90）"积木块

06 接着编写初始化机器学习模型的脚本，主要利用的是"move"模块下的积木块。先训练一个新模型，待模型训练成功、可以使用时，让麦克风开始监听语音指令，并通过角色提示玩家可以对着麦克风下达语音指令。

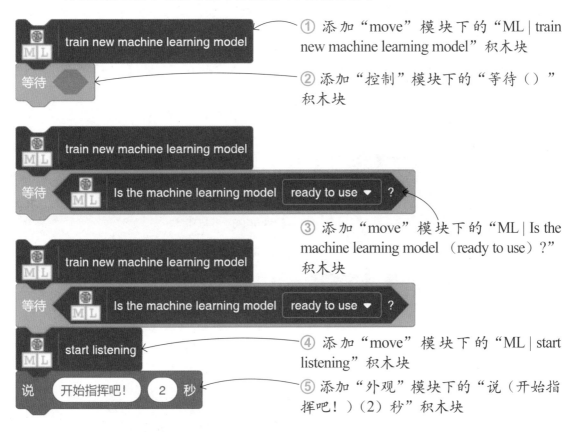

① 添加"move"模块下的"ML | train new machine learning model"积木块

② 添加"控制"模块下的"等待（）"积木块

③ 添加"move"模块下的"ML | Is the machine learning model （ready to use）？"积木块

④ 添加"move"模块下的"ML | start listening"积木块

⑤ 添加"外观"模块下的"说（开始指挥吧！）（2）秒"积木块

07 在游戏过程中，需要不断地监测宇航员是否碰到了火箭飞船。如果碰到，就要通知火箭飞船执行起飞的动画效果，并执行一些收尾操作，如让麦克风停止监听、隐藏宇航员等。

① 依次添加"控制"模块下的"重复执行"和"如果……那么……"积木块

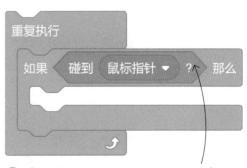

② 在"如果……那么……"积木块的条件框中添加"侦测"模块下的"碰到（）？"积木块

③ 单击下拉按钮，在展开的列表中选择 "Rocketship" 选项

④ 添加 "move" 模块下的 "ML | stop listening" 积木块

⑤ 添加 "外观" 模块下的 "隐藏" 积木块

⑥ 添加 "事件" 模块下的 "广播（）" 积木块，并创建新消息 "出发了"

⑦ 添加 "控制" 模块下的 "停止（这个脚本）" 积木块

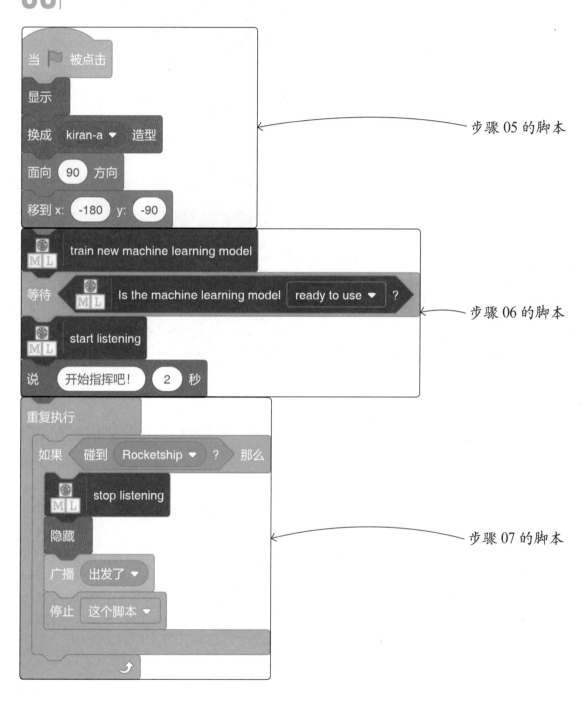

08 将步骤 05 ~ 07 的脚本依次拼接在一起。

步骤 05 的脚本

步骤 06 的脚本

步骤 07 的脚本

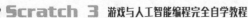

09 继续编写脚本，根据机器学习模型识别到的语音指令，让角色以不同的方式运动。这些脚本通过"move"模块下的"ML | when I hear ×××"积木块来触发运行，其中的"×××"就是前面创建机器学习模型时添加的标签。脚本的编写方法和前面类似，这里不再具体讲解。

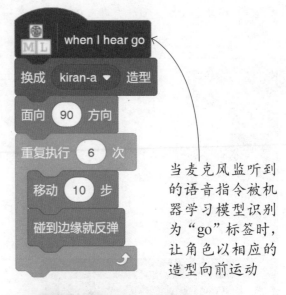

当麦克风监听到的语音指令被机器学习模型识别为"go"标签时，让角色以相应的造型向前运动

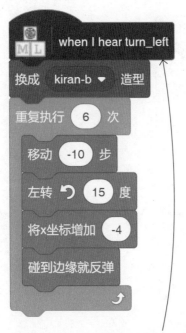

当麦克风监听到的语音指令被机器学习模型识别为"turn_left"标签时，让角色以相应的造型向左旋转运动

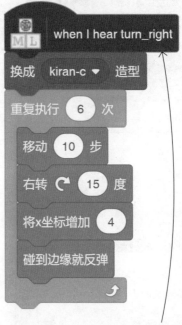

当麦克风监听到的语音指令被机器学习模型识别为"turn_right"标签时，让角色以相应的造型向右旋转运动

10 选中"Rocketship"角色，为其编写脚本。当单击▶️按钮时，让角色以适当的造型显示在舞台右上角。

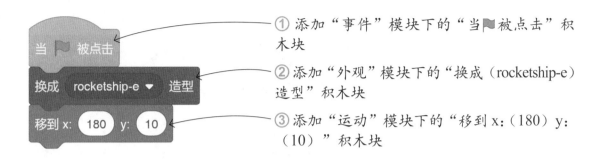

① 添加"事件"模块下的"当▶被点击"积木块

② 添加"外观"模块下的"换成（rocketship-e）造型"积木块

③ 添加"运动"模块下的"移到 x：（180）y：（10）"积木块

11 当接收到"出发了"消息时，让角色不断向上移动并依次切换造型，制造出火箭飞船点火起飞的动画效果。

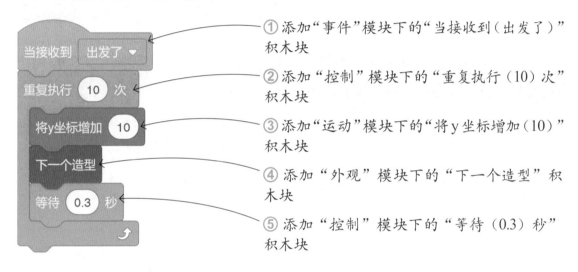

① 添加"事件"模块下的"当接收到（出发了）"积木块

② 添加"控制"模块下的"重复执行（10）次"积木块

③ 添加"运动"模块下的"将 y 坐标增加（10）"积木块

④ 添加"外观"模块下的"下一个造型"积木块

⑤ 添加"控制"模块下的"等待（0.3）秒"积木块

12 添加背景素材库中的"Nebula"背景。到这里，这个游戏就制作完成了。

① 单击"选择一个背景"按钮

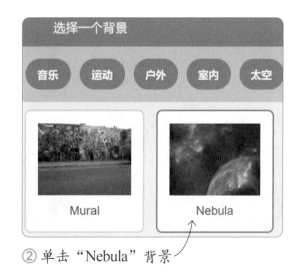

② 单击"Nebula"背景

13 单击▶按钮，启动游戏。等待一段时间，当看到宇航员说出"开始指挥吧！"，就可以对着麦克风说出语音指令，指挥宇航员向火箭飞船移动，直到登上飞船，飞船起飞。这里以前面设定的语音指令"向左""向右""前进"为例。

机器学习模型训练完毕，可以开始对着麦克风说出语音指令

说出语音指令"向左"时宇航员的运动效果

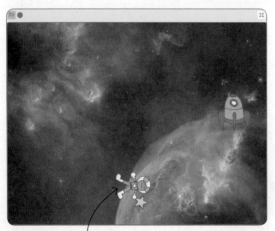

说出语音指令"前进"时宇航员的运动效果

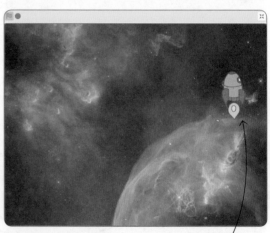

说出语音指令"向右"时宇航员的运动效果

宇航员登上飞船，飞船起飞的效果